零 基 础

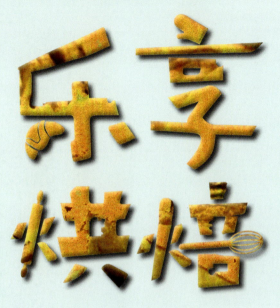

梅依旧 著

中国轻工业出版社

图书在版编目（CIP）数据

零基础乐享烘焙 / 梅依旧著. —北京：中国轻工业出版社，2017.8

ISBN 978-7-5184-1464-2

Ⅰ.①零… Ⅱ.①梅… Ⅲ.①烘焙–糕点加工
Ⅳ.①TS213.2

中国版本图书馆 CIP 数据核字（2017）第 147753 号

责任编辑：付　佳　王芙洁　　策划编辑：翟　燕　付　佳　王芙洁　　责任终审：劳国强
整体设计：锋尚设计　　　　　　责任校对：燕　杰　　　　　　　　　责任监印：张京华

出版发行：中国轻工业出版社（北京东长安街 6 号，邮编：100740）
印　　刷：北京博海升彩色印刷有限公司
经　　销：各地新华书店
版　　次：2017 年 8 月第 1 版第 1 次印刷
开　　本：720×1000　1/16　印张：16
字　　数：280 千字
书　　号：ISBN 978-7-5184-1464-2　定价：49.80 元
邮购电话：010-65241695　传真：65128352
发行电话：010-85119835　85119793　传真：85113293
网　　址：http://www.chlip.com.cn
Email：club@chlip.com.cn
如发现图书残缺请直接与我社邮购联系调换
161306S1X101ZBW

目 录 | Contents

烘焙基础篇
　一　烘焙基本原料　　　　008
　二　烘焙基本器具　　　　014
　特别奉献　烘焙小讲堂　　020

第一章
曲奇饼干（20 款）

抹茶夹心曲奇	024
巧克力裂纹曲奇	026
香葱曲奇	028
奶酥曲奇	030
香草曲奇	031
巧克力曲奇	032
水果蛋白饼	034
杏仁瓦片酥	036
果酱夹心饼干	038
红茶夹心饼干	040
巧克力香橙夹心饼干	042
夹心球球饼干	044
手指饼干	046
苏打饼干	048
小南瓜饼干	050
玛格丽特小饼干	052
燕麦巧克力酥饼	054
蓝莓夹心酥饼	056
葡萄奶酥饼	058
果仁酥饼	060

第二章
蛋糕（20 款）

抹茶戚风蛋糕	066
鲜花裸蛋糕	068
全蛋海绵蛋糕	071
拜拜蛋糕	072
日式海绵蛋糕	074
天使蛋糕	076
魔鬼蛋糕	078
奶油甘纳许蛋糕卷	080
爪印奶油蛋糕卷	083
圣诞树根蛋糕	086
乳酪布朗尼	089
轻乳酪杯子蛋糕	092
桑果乳酪蛋糕	094
熔岩巧克力蛋糕	096
舒芙蕾	098
柠檬糖霜蛋糕	100
摩卡杯子蛋糕	102
酥粒蓝莓麦芬蛋糕	104
魔法卡仕达蛋糕	106
苹果磅蛋糕	108

第三章
面包、比萨（20款）

百香果奶酪白面包	114
南瓜小面包	116
树袋熊面包	118
法式乡村面包（中种法）	120
简单白吐司	122
港式吐司	124
加州吐司	126
花生酱吐司（汤种法）	128
北海道牛奶吐司（中种法）	130
酸奶芝士热狗	132
花式汉堡	134
迷你小汉堡	136
糖霜牛奶面包棒	138
樱桃佛卡夏	140
五色果仁面包	142
爆浆蓝莓比萨	144
特别奉献　自制比萨酱	146
夏威夷比萨	148
迷你小比萨	150
薄底鲜虾比萨	152
田园风光比萨	154

第四章
泡芙、挞、派（10款）

抹茶卡仕达泡芙	159
基础奶油泡芙	162
巧克力脆皮泡芙	164
酸奶芝士泡芙	166
巧克力奶酪派	169
玫瑰苹果奶酪派	172
巧克力樱桃派	175
芝士杏仁派	178
花漾水果挞	180
百香果凝酱挞	182

第五章
慕斯、布丁（11款）

提拉米苏（硬身版）	187
提拉米苏（软身版）	190
水果夏洛蒂	192
草莓慕斯	195
榴莲慕斯	198
芒果慕斯	200
酸奶冻芝士	203
芙纽多	205
奶茶布丁	206
奶香玉米布丁	208
雪花奶冻布丁	210

第六章
零食小点（10 款）

意式马卡龙	212
特别奉献　马卡龙馅：蛋黄奶油馅	215
柠檬玛德琳	216
费南雪	217
咖啡冰皮月饼	218
焦糖蓝莓华夫饼	221
蛋糕甜甜圈	222
芝士麻糬波波	224
蜜汁猪肉脯	226
山楂糕	228
巧克力太妃糖	229

第八章
常用馅料（10 款）

红豆沙馅	246
蜜汁金橘	247
糖渍橙皮	248
草莓酱	249
百香果凝酱	250
奶油甘纳许馅	251
奶油焦糖酱	252
卡仕达酱	254
奶酥馅	255
香缇奶油馅	256

第七章
冰品（10 款）

百香果冰激凌	231
抹茶冰激凌	232
酒香奶酪蓝莓冰激凌	234
番茄冰激凌	236
椰汁蜜豆冰激凌	238
桑果冰激凌	240
火龙果酸奶冰棍	241
哈密瓜樱桃冰棍	242
冰摩卡咖啡	243
樱桃酸奶沙冰	244

烘焙

基础篇

Baking Fundamentals

一 烘焙基本原料

1 高筋面粉、中筋面粉、低筋面粉

面粉根据其蛋白质含量的不同,分为高筋面粉、中筋面粉和低筋面粉。

高筋面粉 又称强筋面粉,蛋白质含量在12.0%以上,因蛋白质含量高,所以它的筋度强,高筋面粉不仅可以用来制作面包,还可以制作某些酥皮类点心、泡芙等。

中筋面粉 蛋白质含量在8.0%~10.5%,颜色乳白,介于高、低粉之间,体质半松散;一般中式餐点都会用到,比如包子、馒头、面条等。

低筋面粉 蛋白质含量在6.5%~8.5%,颜色较白,用手抓易成团。蛋白质含量低,麸质也较少,因此筋性较弱,比较适合用来做蛋糕、松糕、饼干以及挞皮等需要蓬松酥脆口感的西点。

2 奶制品

奶粉 将牛奶除去水分后制成的粉末,添加在面包、饼干、蛋糕中,能起到增味的作用。

牛奶 牛奶是烘焙中用得最多的液体原料,它常用来代替水,既具有营养价值,又可以提高蛋糕或西点品质。

酸奶 以新鲜的牛奶为原料,经过巴氏消毒后再向牛奶中添加有益菌,经发酵后,再冷却灌装的一种奶制品。

动物淡奶油 也叫稀奶油,有的配方里也称鲜奶油,油脂含量通常为35%左右,易于搅拌打稠,常用来做蛋糕裱花,也可用于面包和夹馅的制作,是烘焙中常用的原料之一。

| 不推荐使用 | 另有一种植物奶油，它是动物淡奶油的替代品，主要是以氢化油来取代乳脂肪，含大量反式脂肪酸，氢化油对身体危害较大，可以被人体吸收，但无法被代谢出去。|

奶油奶酪　英文名为 cream cheese，是一种未成熟的全脂奶酪，色泽洁白，质地柔软细腻，口感微酸。奶油奶酪未经熟化，脂肪含量在35%左右，主要用于奶酪蛋糕的制作，也可作为馅料的原料。

3　油脂

油脂分为两种，一种是动物油，如黄油、猪油；另一种是植物油，如玉米油、橄榄油等。

动物性黄油　有的食谱上称为奶油，烘焙中用到的是无盐黄油，因为无盐黄油的味道比较新鲜，有甜味，烘焙效果较好。

植物性黄油　植物性黄油是一种人造黄油，可代替动物性黄油使用，价格也较低，但味道不如动物性黄油好。它包括麦淇淋、酥油、起酥油等。

猪　　油　由猪的脂肪提炼出来的一种油脂，可用于中式酥皮点心的制作。把猪板油切成块，空锅翻炒，就会熬出透明的猪油。

玉米油、葵花籽油　最常用在戚风蛋糕或海绵蛋糕中，而花生油等其他液态油脂因为本身味道比较重，所以不太适合用于蛋糕制作。

橄　榄　油　有些食谱会在面包制作过程中在面团中加入橄榄油，比较健康，但味道比较淡。

4 酵母、泡打粉、小苏打、塔塔粉

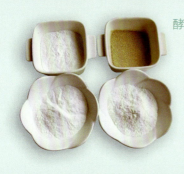

酵 母 面包发酵常用的酵母有新鲜酵母、干酵母和即溶酵母三种。市面上最常见的酵母是速溶干酵母（也称高活性干酵母）。做面包一般选用耐高糖高活性干酵母和普通装干酵母，在实际运用中，并没有什么差别。用量要根据季节进行调整，夏季温度高，发酵快，酵母的用量为面粉量的1%即可；冬季温度低，酵母的用量要相应加大，酵母的用量为面粉量的2%即可。

泡打粉 是一种复合疏松剂，又称为发泡粉和发酵粉，在烘焙里主要用作蛋糕的膨化剂。

小苏打 是一种化学膨大剂，学名叫碳酸氢钠。它在遇到水或者酸性物质的时候会释放出二氧化碳，从而使面团膨胀。使用小苏打的时候要注意，调制好的面糊要立即进行烘焙，否则二氧化碳气体会很快流失，膨大的效果就会减弱。

塔塔粉 是制作戚风蛋糕时的可选原料之一，一般在打发蛋白的过程中添加。它属于化学膨大剂的一种，建议大家最好不用。可以用白醋或者柠檬汁等酸性原料来代替塔塔粉。

鸡蛋

它在烘焙中有非常重要的作用，可以提升产品的营养价值，增加香味，乳化结构，增加金黄的色泽，具有凝结作用，作为膨大剂使产品增加体积等。

6 糖

包括细砂糖、绵白糖、糖粉、蜂蜜、红糖、焦糖、转化糖浆和麦芽糖等。

细砂糖 细砂糖的主要成分是蔗糖。在烘焙中一般使用细砂糖，它的颗粒细小且易化，而且能吸收更多的油脂。粗砂糖一般用来制作糖浆，粗砂糖的颗粒结晶比细的反而更纯，所以做出的糖浆更晶莹剔透。

绵白糖 是细小的蔗糖晶粒在生产过程中喷入了2.5%左右的转化糖浆，它的水分高，更绵软，适合直接食用而不适合做甜点。

糖　　粉 是将砂糖磨成粉，并添加了少量淀粉防止结块。一般用于糖霜或奶油霜饰和产品含水较少的品种制作。

红　　糖 在制作某些甜点时使用，并不频繁。

转化糖浆 砂糖经加水和加酸煮至一定的时间和合适的温度冷却后即成。这种糖浆可长时间保存而不结晶，多用在中式月饼皮内、萨其马和各种代替砂糖的产品中。

麦 芽 糖 又称饴糖、水饴，是淀粉经发酵或酸解作用之后的产品，为双糖。内含麦芽糖和少部分糊精及葡萄糖。

蜂　　蜜 蜂蜜是芳香而甜美的天然食品，常用于蛋糕、面包的制作，除了可增加风味以外，还可以起到很好的保湿作用。

焦　　糖 砂糖加热熔化后使之成棕红色，用于香味或代替色素使用。

烘焙基础篇

7 盐

盐是烘焙面包时必备的调味剂，盐的用量虽小，但极其重要。盐可控制面团发酵，加入一定量的盐，可调节酵母的发酵速度。因此盐的添加量一般在面粉量的 0.8%~2.2%。

8 辅助类烘焙粉

风味粉类

在甜品的配方中，会看到全麦粉、燕麦粉、黑麦粉、小麦胚芽粉、可可粉、抹茶粉等。这些都是制作甜品时为增加风味添加的粉类，它们可替代一部分面粉。

淀粉类

玉米淀粉	是从玉米粒中提炼出的淀粉。玉米淀粉所具有的凝胶作用，在做派馅时也会用到。此外，玉米淀粉按比例与中筋面粉相混合，是蛋糕粉（低筋面粉）的最佳替代品，用以降低面粉筋度，增加蛋糕松软口感。
马铃薯淀粉（土豆淀粉）	是由土豆加工而成的，它的黏附性是最好的，可以用于各种烘焙和油炸食物中，有出众的酥脆口感。烘焙饼干时，加入适量的马铃薯淀粉，可以让饼干更酥。
木薯粉	是从木薯的块根中提取的淀粉，对于很多人来说并不熟悉，但市场上用木薯粉做的食品还是比较多的，如面包、饼干、糖果等，它还是婴儿食品牛奶布丁的主要成分。

9 巧克力

巧克力的颜色不同，所含的可可脂含量不同，配方里的成分也有所不同，颜色较黑的巧克力可可脂含量高，且糖的含量极少，制作巧克力蛋糕味道浓郁。颜色较浅的巧克力可可脂含量低，味道较前者淡，口味较甜。

巧克力砖 常用来刨成巧克力丝，既可装饰蛋糕，也可作为烘焙原料。

巧克力豆 把巧克力制成颗粒较小的巧克力豆，在制作时常被作为烘焙辅料加入蛋糕、面包、饼干中。

巧克力币 主要是用来作为烘焙原料使用，常隔水加热化成巧克力浆，用来裹饼干，或者淋在蛋糕表面作为装饰。

10 吉利丁

又称明胶或鱼胶，从英文名 gelatin 译音而来，它是由动物骨胶提炼而来，主要成分是蛋白质。有粉状和片状两种不同的形态，功效相同。

二 烘焙基本器具

1 烤箱、面包机、厨师机

烤箱的选购　若是希望能烤出各种丰富多彩的西点，最好购买一台容积在 30 升左右的烤箱，烤箱越大，加热相对越均匀。烤箱越小，加热不均匀的情况越严重，这也是不推荐买小烤箱的原因之一。

烤箱的基本功能　有上下两组加热管，并且上下加热管可同时加热，也可以单开上火或者下火加热，能调节温度，具有定时功能、发酵功能。发酵功能用于面包的二次发酵非常方便。

面包机 PK 厨师机　家庭制作面包，揉面是个体力活儿，而且有些面团如贝果、普雷节等面团，手揉是不行的，就需要机器帮忙。所以，多用面包机和厨师机帮忙揉面，因此，很多朋友就有了面包机好还是厨师机好的疑问。两种机器功率、价钱相差较大，没有可比性。

面包机的功能有和面、发酵、烘烤面包，部分面包机添加了制作酸奶和米酒的功能。厨师机可以说是厨房的利器，功率大，效率高，可以利用各种配件来操作切片和切丝、灌肠、和面、搅拌、打发淡奶油、压面做面条、绞肉馅、做冰激凌等，唯一的缺点就是价格贵。

对于做面包来说，厨师机与面包机的相同功能就是揉面。厨师机最大的优点就是功率大，揉面时间短，20 分钟基本上就能揉到位；而面包机揉面则需要 40 分钟左右，可面包机最大的优点是带有发酵功能，第一次发酵会在面包机里直接完成，然后拿出面团整形，在烤箱里进行二次发酵，再直接用烤箱烤制。

2 量勺、量杯、厨房秤

做烘焙绝对不可以少的工具。

烘焙不同于中餐，烘焙更着重于量的精准，各配料的比例一定要准确。挑一个能进行单位转换、去皮功能的厨房秤，有了它，你就成功了一半。

3 打蛋器

常用的有两种：手动打蛋器及电动打蛋器。
打发蛋白、蛋黄、黄油、淡奶油，都不是手动打蛋器一时半会儿能打好的。电动打蛋器买一般的即可，不用买功率过大的。若只需要搅拌食材，使用手动打蛋器会更加方便快捷，因此两种打蛋器都需要配备。

4 刮刀、刮板

刮刀：适合用于搅拌面糊，刀面能把打蛋盆边上的原料刮在一起，别的工具代替不了。如果分割起酥面团，不建议使用刮刀，因为它没有韧，不锋利，切下去会破坏起酥面团的层次。
刮板：用于刮取面团和分割面团，也可以协助把整形好的小面团移到烤盘上去。有塑料和不锈钢材质的，有两边平行和一边带圆弧的，带圆弧的刮板方便刮取面盆里的面团。

5 不锈钢盆、玻璃碗

打蛋用的不锈钢盆或大玻璃碗至少准备两个以上，打蛋、和好的面团和拌好的馅料总得有个东西盛着吧。

6 案板、擀面杖

擀面杖：面包整形必备。带颗粒的排气擀面杖，对大面团，比如面包卷的面团，能够更快、更均匀地排出气泡。普通擀面杖，对小面团，比如小型花式面包和吐司的整形，很容易擀出气泡。
案板：推荐使用金属、塑料、硅胶案板，这些和木质案板比起来，它们更不易粘。

7 毛刷、面粉筛

面粉筛：面粉过筛可以除去面粉内的小面粉颗粒，避免结小块，使成品更细腻。如果原料里有可可粉、泡打粉、小苏打等其他粉类，和面粉一起混合过筛，有助于让它们混合得更均匀。

毛刷：用于在面包表面刷蛋液或油类，也可以刷去面团表面多余的面粉。推荐硅胶刷，使用时不会像棕毛刷掉毛。

8 锡纸、油纸、油布、保鲜膜

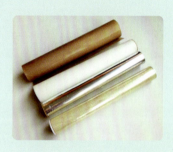

油纸、不粘油布：用来垫烤盘防粘用。

锡纸：烤含油脂的面包时防粘的效果非常好，防止水分流失。烘烤过程中，食物上色后在表面加盖一层锡纸还可以起到防止上色过深的作用。不适合烤不含油脂的欧式面包，会揭不下来。锡纸有亮面和亚光面，要用亚光面接触食物。

保鲜膜：基础发酵和中间发酵时可用保鲜膜覆盖面团，避免干燥。

9 裱花嘴、裱花袋、裱花转台

裱花嘴：可以用来裱花，做曲奇、泡芙，也可以用来挤出花色面糊。不同的裱花嘴可以挤出不同的花形，可以根据需要购买单个的裱花嘴，也可以购买一整套。

裱花袋：有3种。一次性的比较方便，用后不用清洗，但质量稍差，挤饼干面糊时容易破裂。布制的裱花袋可以多次使用，结实，但是透油，清洗起来有点麻烦。

> **推荐使用**
>
> 硅胶裱花袋：除了用来给奶油蛋糕裱花，还可以挤曲奇饼干面糊，非常结实，可清洗，能反复使用。
>
> 裱花转台：制作裱花蛋糕的工具。将蛋糕置于转台上可以方便淡奶油的抹平及进行裱花。

10 不粘锅、小奶锅、巧克力加热锅

烘焙时需要制作一些糖浆或馅料时,由于家庭制作的量不会太大,有一个深奶锅会非常实用。

在熬果酱等一些含糖量较高的酱汁时,建议选择不粘锅,否则很容易煳底,清洗起来会很麻烦。

巧克力是绝对不可以直接放锅里用火加热至化的,而是用隔水加热法使其化开。

11 各种刀具

面包割口刀:有专用的更好,若没有,可选用锋利的小刀,比如手术刀、剃须刀片、美工刀等,可以迅速划开面团,且不粘面团。

锯齿刀:用于切割成品面包,分粗齿和细齿两种,粗锯齿刀用来切吐司,细锯齿刀用来切蛋糕。根据需要选购。

轮刀:通常用来切比萨,也可以和直尺搭配,用来切割面坯。

刀具在学习烘焙的初级阶段不要购买太多。用家中普通的刀具即可,过于专业的刀具对烘焙初学者来说完全没有必要。

12 烤网、烤盘

烤网:可将烤好的食物放置在上面凉凉。

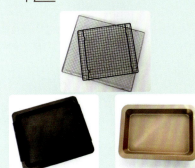

烤盘:烤盘的尺寸和形状各不相同,材质有玻璃、陶瓷、金属、一次性锡纸烤盘等,可根据自家烤箱的大小选择。

13 模具

蛋糕圆模：8寸或6寸蛋糕圆模至少要有一个。购买活底模会更容易脱模。如果是制作戚风蛋糕，不要购买不粘的蛋糕模。

吐司模：制作吐司，它是必备工具，家庭用建议购买450克规格的吐司模。

挞模、派盘：制作派、挞类点心的必备工具。派盘、挞模规格很多，有不同的尺寸、深浅、花边，可以根据需要购买。建议备一个8寸派盘，小型的派盘也准备4~5个，用来烤制水果挞等。

布丁模、小蛋糕模、蛋糕纸杯：用来制作各种布丁、小蛋糕，如麦芬蛋糕等。这类小模具款式多样，可以根据自己的爱好选择购买。

陶瓷烤模：陶瓷烤模的造型也多种多样，最常用的是小圆形的模子，可以用来做舒芙蕾等小甜品。

慕斯模： 用来制作慕斯。可以根据自己的喜好选择慕斯模具。

饼干模： 造型很多，不妨多买一些，让自己做出来的饼干更可爱。除了做饼干，这些模具也可以用来日常雕刻水果和蔬菜，给你的菜品增加趣味性，尤其深得小孩子的喜爱。

其他模具： 麦芬模、玛德琳模、费南雪模、比萨模等。

工具、模具永远没有买完的时候，物尽其用最好。如果模具非不粘模，需要事先涂油防粘，涂的油应是黄油，不需要加热至化，手里拿一小块黄油涂抹均匀即可。

特别奉献　烘焙小讲堂

称量和各种单位之间的换算

秤、量杯和量匙叫称量三件套，是烘焙必备的工具。

秤：可以分为普通磅秤和电子秤，电子秤的称量结果更为准确，读数直观，最小量程能达到1克甚至0.1克。磅秤主要用来称量分量比较多的材料，像面粉、黄油等。

量杯：主要是用来称量比较多的液体材料，比如水、牛奶、色拉油等，有的配方中也会见到"1杯面粉"，这时只要按照量杯上的标记来称量就可以了。

量匙：量匙的材质有塑料和不锈钢两种，一般是4个不同大小的量匙，分为1大匙（15毫升）、1小匙（5毫升）、1/2小匙（2.5毫升）、1/4小匙（1.25毫升），有的还有1/8小匙。量匙主要用来称少量的材料，比如糖、盐、酵母粉或少量的液体材料等。

各种单位之间的换算

1大匙（也叫1汤匙，简写1T）=15毫升

1小匙（也叫1茶匙，简写1t）=5毫升

高筋面粉：1大匙≈7.5克，1杯≈120克

低筋面粉：1大匙≈6.9克，1杯≈100克

奶粉：1大匙≈6.2克，1杯≈100克

玉米淀粉：1大匙≈12克

可可粉：1大匙≈8克，1小匙≈3克

泡打粉：1大匙≈12克，1小匙≈3克

小苏打：1小匙≈3.5克，1/2小匙≈2克

塔塔粉：1小匙≈3.5克 1/2小匙≈2克

鱼胶粉：1大匙≈8克

吉利丁片：1片≈5克

干酵母：1大匙≈9克，1小匙≈4克

盐：1小匙≈6克

糖粉：1杯≈140克

细砂糖：1大匙≈13克，1小匙≈4.5克，1杯≈200克

植物油：1杯≈240ml≈220克

清水：1杯≈240ml≈240克，1大匙≈15克，1小匙≈5克

牛奶：1杯≈240ml≈225克，1大匙≈14克，1小匙≈4.5克

蜂蜜：1大匙≈20克

常用模具尺寸和用料的换算

8寸圆模 = 直径大约20厘米，8寸模具很常用，用料设定为100%。

6寸圆模 = 直径大约15厘米，6寸模具也很常用，用料约为8寸的60%。

7寸圆模 = 直径大约18厘米，7寸模具不常用，用料约为8寸的80%。

9寸圆模 = 直径大约23厘米，9寸模具不常用，用料约为8寸的150%。

同尺寸的方形模具比圆形模具小，用料大约为圆形模具的70%。

第一章
曲奇饼干
20款

曲奇饼干

曲奇饼干烘焙入门知识

1 黄油的软化与打发

黄油分为有盐和无盐两种，在烘焙时一般选择无盐黄油。

软化

室温软化：用手指轻压可以压出凹陷的程度为准。

完全加热至化：即直接加热成液体。

快速软化：可以把黄油放在 30℃ 左右的温水中，快速使黄油软化。如果在夏天，可以把黄油切成小块放在室温下软化。

打发

黄油的打发：室温软化的黄油用打蛋器打至体积膨胀、颜色发白后，分次加入细砂糖和盐，搅拌至砂糖完全化开；最终打发的黄油会变得膨松和轻盈，颜色随之变浅，体积也会变大。外表呈羽毛状时，即表明黄油已经打发完成了。蓬松的黄油加入面粉很好搅拌，挤曲奇花的时候很轻松就能挤出花纹。

黄油加蛋打发："量小次数多"是黄油加蛋打发的要点，即每次加一点，分多次加入鸡蛋液。这样做的目的是让鸡蛋和黄油彻底乳化，不会产生油蛋分离的情况。

2 粉类最好都过筛

制作饼干最常用的原料就是面粉，通常还有其他粉类，如泡打粉、玉米淀粉、可可粉等干粉状材料，过筛能去除结块，可以使其跟液体材料混合时避免出现小疙瘩。

3 大小要均匀一致

在饼干的制作中，要尽量做到每块饼干的薄厚、大小都比较均匀，这样在烘烤时，成熟度、颜色才会一致。

4 曲奇花纹消失的原因

由于曲奇饼干的面团是具有延展性的，延展性越好的饼干面团，在烤焙的时候越容易舒展膨胀开来，延展性越差的饼干面团，在烤焙的时候越容易保持原来的形状。因此可以通过降低曲奇面团的延展性，来保证曲奇的花纹不会消失。

曲奇一般在190~200℃烘烤是最佳的，低温烘烤，也是花纹消失的原因之一。

5 如何降低曲奇面团的延展性

• 因为面粉筋度越高，面团的延展性越差。用高筋面粉制作曲奇，更容易保持花纹的清晰。

• 面团的含水量越高，延展性会越好。太湿的话，面团花纹会消失；太干的话，面团挤出花纹会很费劲。所用控制好面团的含水量也很重要。

• 糖在曲奇的制作过程中也扮演着重要的角色。颗粒越粗的糖，越能增加面团的延展性；相反，颗粒越细的糖，越能降低面团的延展性。而在曲奇的配方中，细砂糖和糖粉是同时存在的，这是为了平衡曲奇的延展性。

如果只用糖粉，曲奇的延展性过低，饼干会不够酥松，如果不用糖粉，曲奇的延展性会过高，花纹不易定形。使用质量不好、颗粒不够细的糖粉，也会导致曲奇花纹消失。

抹茶夹心曲奇

奶酪夹心馅加入了抹茶,抹茶的清香让饼干不甜腻,带你体验小清新的感觉。

饼干材料：

无盐发酵黄油60克，糖粉45克，牛奶16克，杏仁粉30克，低筋面粉70克，马铃薯淀粉16克。

夹心馅材料：

无盐黄油30克，奶油奶酪20克，糖粉10克，抹茶粉2克。

烘焙：

烤箱中层，170℃，上下火，约15分钟。

做法：

1 将饼干材料中的糖粉分3次加入到黄油中。

2 搅打至黄油微微发白。

3 加入牛奶，搅拌至黄油全部吸收。

4 加入杏仁粉、低筋面粉、马铃薯淀粉。

5 将面糊拌匀。

6 面糊装入裱花袋，用大号8齿裱花嘴。

7 挤出贝壳状花纹。预热烤箱至170℃，放入中层，上下火，约15分钟。

8 将夹心馅材料里的无盐黄油、奶油奶酪、糖粉、抹茶粉放入盆中。

9 搅打至细腻成馅。

烘焙小语

烤制时间可依自家烤箱而定。

10 曲奇凉凉后，将馅夹入其中即可。

第一章 曲奇饼干

巧克力裂纹曲奇

曲奇的表面有着独一无二的漂亮裂纹,包裹着糖粉,就像下了一层雪。口感类似布朗尼,有着浓郁的巧克力香味。

材料：

低筋面粉 100 克，黑巧克力 80 克，无盐黄油 45 克，细砂糖 50 克，全蛋液 75 克，可可粉 20 克，泡打粉 1/4 小匙，糖粉适量。

烘焙：

烤箱中层，170℃，上下火，约 20 分钟。

做法：

1. 黄油和黑巧克力切成小块放入碗里，隔水加热并不断搅拌，直到黄油与巧克力化成液态（注意不要让水溅入碗里）。

2. 将碗从水中取出，加入细砂糖搅拌均匀。

3. 再分 2 次加入打散的全蛋液，搅拌均匀成浓稠的糊状。

4. 低筋面粉、可可粉、泡打粉混合过筛后加入到巧克力糊里。

5. 继续搅拌均匀，成浓稠面糊。将面糊放入冰箱，冷藏至少 1 小时（也可冷藏过夜）。

6. 冷藏后的面糊会变硬，把硬面糊揉成大小均匀的小圆球。糖粉装入碗里，把揉好的小圆球放入糖粉里滚一圈，让圆球表面裹上厚厚的一层糖粉。

7. 把裹好糖粉的圆球放在烤盘上，需注意每个圆球之间保持足够的距离（一次烤不完,可分盘烤）将烤盘放入 170℃ 的烤箱中层，上下火烤焙 20 分钟左右。当曲奇按上去外壳感觉硬硬的，就可以出炉了。

烘焙小语

1. 泡打粉会帮助曲奇呈现漂亮的裂纹，因此不可以省略。
2. 小圆球在烤的过程中会自动塌成圆饼状，并出现漂亮的裂纹，所以小圆球之间一定要留出至少 4 厘米的距离，否则它们可能会连成一片。

香葱曲奇

香葱曲奇加了少许的盐,有股咸香味,还有一份香葱带来的惊喜。

材料：

发酵黄油80克，糖粉25克，盐2克，蛋黄1个，动物淡奶油15~20毫升，香葱末16克，低筋面粉100克。

烘焙：

烤箱中层，190℃，上下火，约15分钟。

做法：

1. 黄油室温软化，加入糖粉后搅拌均匀，打至膨松。
2. 加入蛋黄搅拌至光滑细致的乳膏状。
3. 加入淡奶油，搅拌均匀。

4. 将过筛的面粉加入打发的黄油中。
5. 再加入提前切好的香葱末。
6. 用刮刀翻拌均匀制成面糊。

7. 将面糊装入裱花袋，用中号8齿裱花嘴。
8. 将面糊挤入烤盘中，放入预热好的烤箱，190℃，上下火，中层烘烤15分钟左右至金黄。

烘焙小语

1. 所选低筋面粉的吸水量可能有所不同，可用动物淡奶油进行调节。
2. 烤制的时间和温度依自家烤箱自行调节。

第一章 曲奇饼干

奶酥曲奇

奶酥曲奇中加了淡奶油，浓浓的奶香味，香醇酥松。

做法：

1 黄油室温软化后加入细砂糖、糖粉、盐，低速打发至黄油发白、体积变大。

2 分3次加入淡奶油，用电动打蛋器搅拌均匀。

材料：

无盐黄油65克，糖粉25克，细砂糖15，低筋面粉100克，动物淡奶油45克，盐1克。

烘焙小语

每次加入淡奶油时，要确保全部融入黄油后再加下一次，避免一次加太多而造成油水分离的现象。

3 筛入低筋面粉。

4 搅拌均匀。

烘焙：

烤箱中层，190℃，上下火，约15分钟。

5 面糊装入裱花袋，用中号6齿裱花嘴，挤出自己喜欢的花纹。放入预热好的烤箱，190℃，上下火，中层烘烤约15分钟。

香草曲奇

酥脆的口感和奶香的味道,酥、香、脆交织在一起,香甜得让人沉醉。

做法:

1. 黄油中加入糖粉、细砂糖,用打蛋器把它们轻轻拌在一起。待黄油软化到位,用打蛋器将黄油打发至颜色变浅、体积膨胀。

材料:

无盐黄油 100 克,糖粉 40 克,细砂糖 25 克,低筋面粉 130 克,全蛋液 33 克,香草精几滴。

烘焙:

烤箱中层,190℃,上下火,约 10 分钟。

2. 加入全蛋液搅拌均匀。

3. 滴几滴香草精搅拌均匀。

4. 筛入低筋面粉。

5. 拌匀成曲奇面糊。

6. 面糊装入裱花袋中,用中号 10 齿裱花嘴。

7. 然后挤出自己喜欢的形状。预热烤箱至 190℃,放入中层,上下火烤约 10 分钟。

烘焙小语

1. 烤制过程中看边缘变色,就在下面加一个烤盘,以免底部上色过重。

2. 在打发黄油前,先将黄油、糖粉、细砂糖用打蛋器轻轻拌一下,以免启动打蛋器时粉类飞溅。

3. 黄油要软化到位,即一打发就成了膏状。

巧克力曲奇

黑黑的手工巧克力曲奇,十足的巧克力甜香味道,配上一杯咖啡红茶,融合的美味十分诱人。

材料：

低筋面粉 120 克，无盐黄油 85 克，细砂糖 23 克，糖粉 45 克，全蛋液 33 克，可可粉 8 克，香草精 3 滴。

烘焙：

烤箱中层，190℃，上下火，约 15 分钟。

做法：

1. 黄油室温软化以后，倒入糖粉、细砂糖，搅拌均匀。

2. 用打蛋器不断搅打黄油、糖粉、细砂糖的混合物，将黄油打发。黄油打发到体积膨大、颜色稍变浅即可，打发好的黄油呈现轻盈、膨松的质地。

3. 分 3 次加入全蛋液，并用打蛋器搅打均匀。每一次都要等黄油和蛋液完全融合再加下一次。

4. 把可可粉和低筋面粉混合筛入黄油糊中，在黄油糊里滴入香草精。

5. 搅拌均匀，成均匀的曲奇面糊。

6. 把曲奇面糊填入裱花袋，用中号 10 齿裱花嘴。

7. 烤盘上垫锡纸或者油纸，在烤盘上挤出曲奇面糊。预热烤箱至 190℃，放入中层，上下火烤 15 分钟左右，冷却后密封保存。

烘焙小语

1. 巧克力曲奇在烤至过程中颜色变化不明显，需要小心火候，别烤过头，最后几分钟一定要在旁边看着，烤到自己喜欢的上色程度后即可拿出来。

2. 可可粉使用如果超过 30 克，会让曲奇口感带苦涩。

水果蛋白饼

水果蛋白饼有着清新的颜色、香甜的口感，它是一款类似蛋白酥的美味甜点，一口咬下去酥脆得让人感到意外。

材料：

蛋白2个，玉米淀粉15克，细砂糖60克，柠檬汁10克，草莓适量。

烘焙：

烤箱中层，预热180℃，上下火，150℃，约1小时。

做法：

1 将蛋白放入无油无水的容器里，加入柠檬汁。

2 打发至起粗泡后，加入1/3的细砂糖。

3 边打发边加入细砂糖，分3次加入细砂糖。

4 打发至拉起蛋白呈尖角状即可。

5 加入玉米淀粉。

6 用刮刀以由下往上的切拌手法搅拌均匀。

7 将拌好的蛋白糊装入裱花袋内，用中号裱花嘴。

8 烤盘上铺上模具垫，挤出自己喜欢的花形。预热烤箱至180℃，放入中层，上下火150℃，烤1小时左右。然后关火，不要打开烤箱门，让饼留在烤箱里降温，直到完全冷却即可。

烘焙小语

1. 水果可以按自己的喜好来搭配。
2. 蛋白饼的大小没有固定要求，在烘烤过程中蛋白饼会发涨，所以挤的时候相互间留出空隙来，烘烤时间以自家烤箱为准。
3. 如果烤箱有热风循环功能，最好打开，这样蛋白糊受热均匀，不易开裂。

第一章 曲奇饼干

杏仁瓦片酥

著名的法式小点杏仁瓦片酥,因其外形呈弯弓状,看起来像瓦片,因而得名瓦片酥。

材料：

蛋白 37 克，纯糖粉 40 克，低筋面粉 15 克，无盐黄油 25 克，香草精 1/4 小匙，杏仁片 40 克。

烘焙：

烤箱中层，180℃，上下火，约 5 分钟。

做法：

1. 蛋白放入盆内，加入纯糖粉，用手动打蛋器搅打均匀，至糖粉化开。

2. 将黄油切成小块，放入碗内，隔热水加温至化成液态。

3. 蛋白中加入化好的黄油。

4. 放入香草精，用手动打蛋器搅拌均匀。

5. 加入低筋面粉。

6. 用手动打蛋器搅拌均匀成糊状。

7. 加入杏仁片，用刮刀将杏仁片拌匀。

8. 烤盘上铺上耐高温油布，用汤匙盛少许面糊放在烤盘上，用汤匙将面糊平铺开，中间要有较大的间隙。预热烤箱至 180℃，中层，上下火烤 5~6 分钟，见表面成微黄色即可。

9. 刚烤好的饼干在 2 分钟内都是软的，可以戴上手套将饼干卷在棍上定形。如果喜欢平片式的饼干，就在刚烤好时用板子把饼干压平，不然冷却后会翘起来。

烘焙小语

1. 配方中用到的纯糖粉，就是不含玉米淀粉的糖粉。杏仁并非中式的南北杏，而是去皮扁桃仁，一定不要搞混了。
2. 这种蛋白酥饼极容易粘烤盘，最好使用防粘性的耐高温油布。
3. 饼干因为摊开很薄，所以也很容易烤熟，通常在 6 分钟内就会烤好，烤的时候一定要在旁边看着，以免烤糊了。

果酱夹心饼干

果酱夹心饼干,可以带你进入多重味觉享受的美味,果酱的清新和黄油的香甜,瞬间融合在一起。

饼干材料：

低筋面粉 105 克，无盐黄油 70 克，马铃薯淀粉 37 克，盐 1 克，糖粉 45 克，全蛋液 45 克。

夹心馅材料：

果酱适量。

烘焙：

烤箱中层，160℃，上下火，约 20 分钟。

做法：

1. 将饼干材料中的糖粉加入黄油中，用打蛋器低速搅拌均匀，使黄油呈蓬松状态。
2. 分次加入全蛋液。
3. 每次加入全蛋液前都要和黄油拌匀，防止油水分离。

4. 加入混合过筛的低筋面粉、马铃薯淀粉、盐。
5. 用刮刀拌匀，然后放入冰箱冷藏半小时。
6. 取出，将冷藏后的面团擀平，用大模具压出心形。

7. 取其中一块，在心形中间用小模具按出小心形。
8. 在完整的心形上涮全蛋液（这里可以另准备适量全蛋液）。
9. 两块搭配在一起。

10. 放入烤盘中，预热烤箱，放入中层，上下火 160℃，烘烤 20 分钟左右。
11. 从烤箱取出，放凉后抹上果酱即可。

烘焙小语

1. 黄油一定要软化后才好打发，这样做出来的饼干才香酥好吃。
2. 面团冷藏半小时，是为了好操作。混合时不要转圈搅拌，以按压的方式搅拌，避免出筋。
3. 果酱可根据自己的喜好进行选择，可以多选几种尝试。

红茶夹心饼干

> 红茶夹心饼干,每一口都带有红茶的独特香气,酥脆的口感,无比纯粹。

饼干材料:

发酵黄油 50 克,糖粉 45 克,红茶粉 6 克,蛋黄 1 个,低筋面粉 95 克,牛奶适量。

夹心馅材料:

奶油奶酪 100 克,糖粉 35 克,无盐黄油 20 克。

烘焙:

烤箱中层,180℃,上下火,约 15 分钟。

做法:

1. 发酵黄油室温软化,加入糖粉,用蛋抽搅拌成乳白色霜状。

2. 加入蛋黄,搅打至蛋液完全融入到黄油中。

3. 筛入低筋面粉,加入红茶粉。

4. 用刮刀拌至无干粉。如果需要挤花,可根据面团状态加入少许牛奶;如果不挤花,用保鲜膜包好,放冰箱冷藏 30 分钟,拿出切片或者压模。

5. 用中号 8 齿裱花嘴挤出并排的两条长 3 厘米的长条,放入烤箱中层,上下火 180℃,烤 15 分钟左右。

6. 将夹心馅材料中的奶油奶酪、无盐黄油室温软化,放入糖粉,搅拌均匀制成馅。

烘焙小语

根据自家烤箱和烘焙经验调节温度。

7. 红茶饼干放凉后,夹入馅即可。

第一章 曲奇饼干

巧克力香橙夹心饼干

巧克力香橙夹心饼干外层是厚厚的巧克力,香浓细滑,中间有一层独特的奶酪香橙夹心。巧克力的香浓,清新的橙香,还未容你多想,就扑面而来。

饼干材料：

无盐黄油 50 克，糖粉 30 克，蛋黄 1 个，低筋面粉 60 克，马铃薯淀粉 20 克，可可粉 10 克，泡打粉 2 克。

夹心馅材料：

奶油奶酪 80 克，无盐黄油 15 克，糖粉 30 克，橙皮 1 个。

烘焙：

烤箱中层，160℃，上下火，约 18 分钟。

做法：

1 将饼干材料中的黄油室温软化，加入糖粉混合均匀。

2 加入蛋黄混合均匀。

3 筛入低筋面粉、马铃薯淀粉、泡打粉，加入可可粉混合。

4 和成团，冷藏 20 分钟。

5 取出面团，擀成 0.3 厘米厚的薄片，用叉子扎上眼，防止烘烤时变形。

6 用模子压出饼干坯。

7 放在烤盘中，烤箱预热至 160℃，放入中层，上下火，烤 18 分钟左右，再用余温焖 5~10 分钟。

8 将夹心馅材料中的橙皮刨丝。

9 奶油奶酪和黄油软化，混合均匀，加入糖粉打至变白。

10 加入橙皮丝。

11 混合均匀制成馅。

12 饼干放凉后，把馅挤在一块饼干上，放上另一块饼干重叠即可。

烘焙小语

1. 橙皮只要橙色的部分，白瓤部分不要。
2. 烘烤时间依自家烤箱而定，这款饼干由于颜色深，注意不要烤过了。

第一章 曲奇饼干

夹心球球饼干

来自中岛老师的烘焙配方，一款无黄油低糖的小点心，虽然低油低糖，但有了杏仁粉的加盟，味道绝对不会寡淡，有一种天然的朴素味道。

饼干材料：

低筋面粉95克，杏仁粉100克，细砂糖30克，可可粉5克，玉米油40克，牛奶15克，盐1克，水15克。

夹心馅材料：

白巧克力50克。

烘焙：

烤箱中层，170℃，上下火，约25分钟。

烘焙小语

1. 如果牛奶加完后面无法成团，可适当调整用量，再加一点点。但一次不要加很多，面团太软不好推。

2. 这里用的是马卡龙专用的细杏仁粉，细到可以直接过筛的程度。如果杏仁粉颗粒粗，需放入搅拌机或研磨机磨粉，过筛后加入，不然成品口感会比较粗糙。

做法：

1 将饼干材料中的低筋面粉、盐、细砂糖、杏仁粉、可可粉放入盆中混合均匀。

2 加入玉米油，先大致混合均匀。

3 再用手搓成砂状。

4 加入牛奶。

5 捏合成团。

6 用15毫升的量匙挖一匙面团，压平（紧实一点比较容易操作下一步）。

7 用手指顺势推出来，就是让这个半球体顺着匙子的弧度滑半圈滑出来。

8 平面朝下，放在铺好锡纸的烤盘上，预热烤箱至170℃，放入中层，上下火，烤25分钟。13分钟左右时加盖锡纸，防止上色过重。

9 将夹心馅材料的白巧克力化开。

10 待饼干冷却后，在半球内挤上白巧克力。

11 盖上另一块饼干，压实即可。

第一章　曲奇饼干

手指饼干

Ladyfinger（手指饼干）是意大利著名的饼干，它的外形细长，似手指的形状，是一款休闲、可口、多用途小饼，夏洛特蛋糕和提拉米苏都少不了它。

饼干材料：

A：蛋黄3个，细砂糖20克，低筋面粉90克，香草精几滴。
B：蛋白3个，细砂糖30克。

表面装饰：

糖粉适量。

烘焙：

烤箱中层，190℃，上下火，约10分钟。

做法：

1. B料中的蛋白用打蛋器打至起粗泡，然后分次加入30克细砂糖，用打蛋器打发至干性发泡。

2. 提起打蛋器，蛋白可以拉出一个短小直立的尖角，即说明蛋白打发好了。

3. A料的蛋黄里加入20克细砂糖，滴入香草精，用打蛋器打至蛋黄变得浓稠、颜色变浅、体积膨大。

4. 取1/2蛋白糊加入到蛋黄糊中。

5. 再加入1/2过筛后的低筋面粉，用刮刀将面粉、蛋白、蛋黄翻拌均匀（不要打圈搅拌，以免蛋白消泡）。

6. 将剩下的蛋白糊倒入打好的蛋白蛋黄糊中，拌匀。

烘焙小语

1. 在混合蛋白蛋黄的时候就可以打开烤箱预热。挤好面糊以后，要尽快放进烤箱烘焙，否则会影响面糊的膨胀。
2. 烤到饼干表面呈微金黄色即可。最后几分钟多看着点，以免烤糊。
3. 表面筛糖粉，可以使烤出的饼干更酥脆。

7. 放入剩下的过筛后的低筋面粉。

8. 翻拌均匀，制成浓稠的面糊。

9. 把面糊装进裱花袋，用中号圆孔裱花嘴。

10. 烤盘垫油纸或锡纸，在烤盘上挤出条状面糊。

11. 表面筛适量糖粉，放入预热好的烤箱，中层，上下火190℃，烤约10分钟。

第一章 曲奇饼干

苏打饼干

酥脆的苏打饼干是工作茶歇时最可心的小吃,热量不高,香气十足,不会过于甜腻,又能带来满足感。

材料：

低筋面粉150克，牛奶40克，干酵母5克，盐1克，小苏打粉1克，无盐黄油30克，糖粉15克。

烘焙：

烤箱中层，160℃，上下火，约15分钟。

做法：

1. 黄油室温软化，加入糖粉、盐拌匀。

2. 牛奶加热至微温，放入干酵母搅拌均匀，放置10分钟。

3. 低筋面粉、小苏打混合后筛入黄油混合物里。

4. 将牛奶倒入混合物中。

5. 用手揉成面团。将面团放在台面上用力揉10分钟。一开始面团可能会很干、不容易成团，用力揉，直到面团变成比较光滑的硬面团。如果面团始终很干，可酌情加一些水。揉好的面团放入碗里，盖上保鲜膜，室温醒发半小时。

烘焙小语

饼干烤好后，不要急于从烤箱内取出，要在烤箱内放置一段时间，大约10分钟，这样饼干才会酥脆。

6. 醒发好的面团用擀面杖擀成厚度约0.2厘米的薄片，在薄片上用叉子均匀叉一些小孔。

7. 用饼干模切出饼干坯（不用模具直接将面团切成小方形也可）。

8. 将饼干坯摆在烤盘上，盖上湿布或者保鲜膜，室温发酵20分钟。将发酵好的饼干放入预热至160℃的烤箱中，中层，上下火，烤15分钟左右，烤至表面金黄。

小南瓜饼干

南瓜小饼干,萌萌的造型,简单的饼干也变得可爱惹人。不光深受小朋友的喜爱,连大人也爱不释手。

材料：

南瓜泥60克，无盐黄油60克，低筋面粉100克，糖粉45克，马铃薯淀粉40克，盐2克，抹茶粉3克，水2克。

烘焙：

烤箱中层，170℃，上下火，约15分钟。

做法：

1 将糖粉加入黄油中，打发至颜色变浅。

2 把南瓜泥加入黄油中，搅拌均匀。

3 低筋面粉、马铃薯淀粉、盐混合后筛入黄油混合物中拌匀。

4 揉成面团。

5 把面团分成18克左右的小面团，取一份揉圆，稍压扁，用牙签压出花纹。

6 全部做好后放到烤盘中。

7 如果做成18克一个，可以做16个小饼干，还会余下一点面团。留一个小面团加入抹茶粉和水，做瓜蒂。

8 将做好的瓜蒂粘在南瓜上即可，粘的时候可以蘸一点水。预热烤箱至170℃，放入中层，上下火，烤15分钟左右。

> **烘焙小语**
>
> 如果没有抹茶粉，可以用南瓜子（分成两半）或葡萄干做瓜蒂，也挺像。

第一章 曲奇饼干

玛格丽特小饼干

玛格丽特饼干,是烘焙新手必做的最易上手的饼干。用到了熟的鸡蛋黄,少油少糖,不管是营养和口感都很特别,特别适合小朋友和老人。

材料：

低筋面粉 100 克，玉米淀粉 100 克，无盐黄油 100 克，糖粉 40 克，熟蛋黄 2 个，盐 1 克。

烘焙：

烤箱中层，170℃，上下火，约 15 分钟。

做法：

1 黄油室温软化，加入糖粉，用打蛋器打发。

2 熟蛋黄放入小筛网中用勺子碾碎，筛出细碎的蛋黄屑。

3 玉米淀粉、低筋面粉、盐混合过筛，与打发的黄油一起拌至无干粉。

4 用手捏成面团。

5 将面团放入保鲜袋中，放入冰箱冷藏 1 小时左右。

6 从冰箱取出冷藏好的面团，10 克一个搓成小圆球。

7 放入烤盘中，用大拇指按扁，饼干会出现自然的裂纹。

8 烤箱预热至 170℃，放入中层，上下火，烘烤约 15 分钟即可。

> **烘焙小语**
>
> 冷藏后的面团更干硬，用拇指按的时候更容易绽放出漂亮的裂纹。

燕麦巧克力酥饼

即食燕麦片是燕麦加工后的产品。耐烤巧克力豆,耐高温,不易熔化。可可香味浓郁,口感柔滑,适用于制作各种巧克力饼干及各式西点。

材料：

低筋面粉 75 克，即食燕麦片 50 克，细砂糖 40 克，椰蓉 25 克，无盐黄油 60 克，蜂蜜 15 克，小苏打 1.5 克，耐烤巧克力豆 40 克。

烘焙：

烤箱中层，上火 170℃，下火 150℃，约 15 分钟。

做法：

烘焙小语

1. 面团拌好后会比较干，看上去比较松散，这是正常的，放入模具中，稍微用力压一下让它成团就可以了。
2. 饼干要烤透，冷却后才会酥脆，但也要注意不要烤过了，以免口感发苦。

1 将燕麦片、细砂糖、椰蓉放入盆中。

2 低筋面粉和小苏打混合后筛入盆里，将过筛后的粉类和燕麦片、椰蓉等完全混合均匀。

3 黄油切成小块，加热化成液态；将蜂蜜倒入黄油里，搅拌均匀，倒入面粉盆中搓成粗粒。

4 加入耐热巧克力豆拌匀成面团。

5 面团可能比较干，呈松散状。

6 将面团放入烤盘中压实，将烤盘放入预热好的烤箱中层，上火 170℃，下火 150℃，烤 15 分钟左右。

蓝莓夹心酥饼

香酥可口的饼体,新鲜的蓝莓,整个饼干弥漫着蓝莓的清香味,让口感更富有层次感,滋味妙不可言。

材料:

低筋面粉 150 克，杏仁粉 50 克，肉桂粉 1 克，红糖 20 克，盐 1 克，玉米油 50 克，枫糖浆 30 克，蓝莓 100 克。

烘焙:

烤箱中层，170℃，上下火，约 40 分钟。

做法:

1 低筋面粉、杏仁粉、肉桂粉、红糖、盐放入盆中。

2 用手粗略地把所有材料搅拌均匀。

3 加入玉米油，搅拌之后双手搓面粉，搓 10 秒钟左右使其成为粗粗的颗粒。

4 加入枫糖浆，快速用手使盆里的面粉变成一个团。

5 面团分两半，一半铺在模子底部，用手轻轻压平。

6 铺上蓝莓。

7 再把剩下的面团搓碎撒在顶部。预热烤箱至 170℃，放入中层，上下火，烤约 40 分钟。

烘焙小语

1. 没有肉桂粉也可以。如果没有枫糖浆，可用蜂蜜代替。
2. 模具尽量选择尺寸合适的不粘模具，太大会使油酥铺得太薄不易成形，太小又会因为太厚不易烤透。

葡萄奶酥饼

葡萄奶酥饼因为用的是蛋黄,干松酥香,又有很多葡萄干,丰富了口感与营养,别有一番浓郁风味。

材料：

低筋面粉150克，蛋黄3个，无盐黄油80克，葡萄干60克，奶粉12克，细砂糖50克，马铃薯淀粉30克。

烘焙：

烤箱中层，180℃，上下火，约20分钟。

做法：

1 葡萄干洗净，浸泡15分钟。

2 黄油切小块，软化至手指可以戳动，先用电动打蛋器搅拌一下，再加入细砂糖和奶粉，打发至体积膨松、颜色略变浅。

3 蛋黄分次加入，并用打蛋器搅打均匀。

4 每次都要等蛋黄和黄油完全混合均匀再加入下一次。

5 筛入低筋面粉和马铃薯淀粉。

6 倒入葡萄干并搅拌均匀，揉成均匀的面团。

7 取15克面团，滚圆，按扁。

8 放入烤盘中，刷上另备的表面刷液蛋黄液（如果烤盘是普通烤盘，建议铺上一层锡纸）。烤箱预热至180℃，放入中层，上下火，烤20分钟左右，直到表面金黄色即可。

烘焙小语

剩下的蛋白可以制作蛋白曲奇、蛋白薄脆饼、蛋白椰丝球、天使蛋糕等。

果仁酥饼

果仁酥饼,不仅具有果仁的馥郁浓香,而且非常香酥,真正做到了入口即化。

材料：

低筋面粉80克，马铃薯淀粉40克，无盐黄油80克，奶粉10克，蛋黄1个，糖粉60克，香草精1/2小匙，熟巴旦木果仁40克，泡打粉1克。

烘焙：

烤箱中层，200℃，上下火，约10分钟。

做法：

1. 巴旦木果仁事先切碎。

2. 黄油软化，加入奶粉和糖粉，用打蛋器打至体积稍微膨松即可，不用将黄油打太发。

3. 加入香草精、打散的蛋黄液，用打蛋器继续搅拌均匀。

4. 低筋面粉、马铃薯淀粉、泡打粉过筛，倒入打好的黄油里。

5. 再加入巴旦木果仁碎。

6. 用刮刀拌匀成面团。如果面团比较湿黏，可以放入冰箱冷藏片刻，使面团变得较硬。

7. 把冻硬的面团做成小饼，放入烤盘中，预热烤箱至200℃，放入中层，上下火，烤10分钟左右，至金黄色时取出。

烘焙小语

1. 配方内的坚果也可以换成自己喜欢的其他果仁，制作不同口味的果仁饼干。
2. 面团不宜太软，否则比较湿黏。最好放入冰箱冷藏片刻。

第一章　曲奇饼干

第二章
蛋糕
20款

蛋糕

蛋糕烘焙入门知识

1 戚风、海绵、天使蛋糕的区别

蛋糕分很多种,而烘焙入门的基础便是戚风蛋糕、海绵蛋糕和天使蛋糕。这3种蛋糕最本质的区别不在材料上,而是在制作工艺上。

戚风蛋糕:鸡蛋的蛋白和蛋黄分离,先将蛋黄与面粉混合成蛋黄糊,再将蛋白单独打发,然后再将蛋黄糊和打发的蛋白混合而成。

海绵蛋糕:最传统的蛋糕。将整个鸡蛋全部倒入盆中,进行全蛋打发。打发后,加入油脂、粉类、糖制作而成。

天使蛋糕:将鸡蛋的蛋白和蛋黄分离出来,只用蛋白进行打发,舍弃了蛋黄。再加入面粉、糖制作而成。

2 鸡蛋的打发

打发,是西点烘焙中最常用的方法,是指将材料以打蛋器用力搅拌,使大量空气进入材料中,在加热过程中使成品膨胀,口感更为绵软。一般分为打发鸡蛋、黄油、淡奶油等。

鸡蛋的打发分为分蛋打发和全蛋打发。

分蛋打发,是指蛋白与蛋黄分别搅打,待打发后,再合为一体的方法。蛋白的打发首先要保证容器需要无水无油,它有两种状态,即湿性发泡和干性发泡。

湿性发泡:蛋白打起粗泡后加糖搅打至有纹路且雪白光滑,拉起打蛋器时蛋白有弹性、挺立,但尾端稍弯曲。

干性发泡:蛋白打起粗泡后加糖搅打至纹路明显且雪白光滑,拉起打蛋器时蛋白有弹性且尾端挺直。

全蛋打发,是指蛋白、蛋黄与砂糖一起搅打的方法。

全蛋打发一般是隔热水打发。全蛋打发时,因为蛋黄加热后可降低其稠性,增加其乳化液的形成，加速与蛋白、空气拌和，使其更容易起泡而膨胀，所以要隔热水打发。

3 蛋糕面糊的混合手法

分蛋式蛋糕的搅拌方式：蛋白糊浓度低，蛋黄糊浓度高，所以要先将部分蛋白糊放入蛋黄糊中搅拌，才能更好拌匀，以切拌的手法或类似翻炒的手法轻轻拌匀，以免蛋白消泡；再将拌好的蛋白蛋黄糊倒入剩余的蛋白糊中，拌匀后倒入模具，在桌子上震几下，震出大气泡，放入烤箱。

全蛋式蛋糕的搅拌方式：把低筋面粉提前过筛2遍，然后筛入打发的蛋糕中，这样不会成团，打出来的蛋糕糊更蓬松。以翻拌手法混合，用刮刀小心地从底部往上翻拌，使蛋糊与面粉完全混合均匀。最后要加入黄油，直接加比较难拌均匀，而且易消泡，可以先用一点蛋糕糊和化开的黄油拌一下，然后再倒入蛋糕糊中翻拌。

4 裱花蛋糕的淡奶油打发

蛋糕裱花，动物淡奶油打发相对要简单一些。动物淡奶油在打发时，在下面放一盆冰，隔冰打发，则更容易打发，先低速搅打至奶油浓稠到无法流动，再用电动打蛋器高速搅打，搅打到淡奶油表面出现不会消失的纹路，即为打发成功。这个是打发的极限，再打就要油水分离了，奶油会像豆腐渣一样很粗糙，影响蛋糕的美观。

5 蛋糕如何去腥

蛋糕的制作过程中，加点朗姆酒、香草精、柠檬汁或者柠檬皮屑，不仅可以中和蛋腥味，烤出来的蛋糕还会有淡淡的香味。

6 怎样判断蛋糕是否烤熟

用牙签插入蛋糕内部，抽出牙签，上面是干爽的，说明蛋糕熟透了。另外，插的部位也很重要,一定要插到蛋糕的中心部位,因为中心部位最难熟,中心熟了,周边肯定也就熟了。

7 如何烘焙芝士蛋糕

奶油奶酪的软化:烘焙芝士蛋糕(芝士,英文名为 cheese,即常说的奶酪,芝士蛋糕也就是奶酪蛋糕)时,奶油奶酪必须软化到位,在使用之前一定要静置使奶油奶酪恢复到室温,因为它越软就越容易与其他配料混合。

水浴法来烤:芝士蛋糕是一种蛋奶沙司,最有效的就是用水浴法来烤,此法烤出的芝士蛋糕会很软糯,颜色不会变黑,也不会有凝结块或裂纹。水浴法就是在烤盘里放上开水,把蛋糕模放在装水的烤盘里烤。为了防止水浸入,用锡纸把蛋糕盘底部至盘壁的一半完全包好。

芝士蛋糕的开裂:芝士蛋糕开裂是硬伤,想要蛋糕不裂,温度很关键,如果烤箱温度过高,特别是底火高,会导致开裂。但是烤箱火力各异,有人160℃,有人 140℃,都正常。合适的温度,你只能和你家的烤箱去商量了,自行调整。

选择小模具可降低开裂风险,模具越小,开裂的风险也越小。一个 8 寸模具的量若分成两个椭圆形的蛋糕模来烤,那么开裂的风险就减少了。一般蛋白打发与温控都做好后,再选个小点的模具就更保险了。

芝士蛋糕脱模:芝士蛋糕需要彻底冷却,最好冷藏过夜。先用小刀沿内侧轻划一圈,防止可能有的粘连,取一个大盘子铺上油纸,把芝士蛋糕倒扣在盘子上,取下模具,再用另一个大盘扣在芝士蛋糕底部,反转盘子,使有油纸的一面向上,小心取下油纸,尽量不要把蛋糕表面剥离。如果有任何破损,可用巧克力糖酱、水果酱或甜的酸奶油来弥补。

抹茶戚风蛋糕

戚风蛋糕没有浓重的黄油味,比起其他蛋糕来说,多了几分醇厚和淡淡的清香,更像一朵清丽的小花。

（8寸烟囱蛋糕模1个）

材料：

A：蛋黄5个，细砂糖30克，盐2克，牛奶70克，色拉油70克，低筋面粉100克，抹茶粉10克。
B：蛋白5个，细砂糖60克，白醋几滴。

烘焙：

烤箱中层，150℃，上下火，约50分钟。

做法：

1. A料中的蛋黄加入细砂糖、牛奶、色拉油，搅打均匀。
2. 筛入低筋面粉、盐。
3. 搅拌至无颗粒状。

4. 取出一半蛋黄糊放入大碗中，加入抹茶粉，拌匀。
5. B料中的蛋白放入无油无水的盆中，加几滴白醋，用电动打蛋器将蛋白打发至干性发泡，即提起来呈直角，其间分3次加入B料中的细砂糖。
6. 抹茶面糊加一半打发的蛋白，翻拌均匀（不可划圈搅拌，以免消泡）。

7. 蛋黄糊加另一半蛋白糊，翻拌均匀。
8. 先将蛋黄糊倒入模具中。
9. 再将抹茶糊倒入模具中，用小勺随意划几下，不用搅拌均匀。端起模具在桌上用力震几下，把内部的大气泡震出。

烘焙小语

1. 低筋面粉要过2次筛，保证无颗粒。
2. 出炉后的蛋糕一定要震一下，再倒扣，以防止蛋糕塌陷。

10. 预热烤箱，上下火150℃，放入中层，烤50分钟左右。出炉后，震一下，倒扣放凉。

第二章 蛋糕

鲜花裸蛋糕

裸蛋糕(戚风版),是时下非常流行的一种蛋糕,甚至用作婚礼庆典蛋糕。通常只简单地搭配鲜花、绿叶、水果。和传统蛋糕的华丽外观不同,回归自然和本真有时更能深入人心。

（6寸圆模1个）

材料：

A：蛋黄3个，细砂糖15克，玉米油30克，牛奶30克，低筋面粉55克，盐1克。
B：蛋白3个，细砂糖30克，柠檬汁几滴（几滴白醋也可）。

表面装饰：

动物淡奶油250毫升，糖粉25克。

烘焙：

烤箱中层，150℃，上下火，约50分钟。

做法：

1. A料中的蛋黄加入牛奶、玉米油、细砂糖，搅拌均匀。

2. 筛入低筋面粉、盐。

3. 搅拌均匀（不要过度搅拌，以免面糊上筋）。

4. B料中的蛋白加几滴柠檬汁，分3次加入细砂糖，用电动打蛋器打到硬性发泡（即轻轻提起打蛋器，可以拉出坚挺的小尖）。

5. 取1/3打发的蛋白与拌好的蛋黄糊翻拌均匀。

6. 然后把拌好的蛋黄糊倒回打蛋白的盆中。

7 充分拌匀，要轻要快，不要搅拌过度。

8 将面糊倒入模具中，在桌上震一下，震出面糊中的大气泡。预热烤箱至150℃，上下火，放入中层，烤50分钟左右。出炉后倒扣凉凉，再进行接下来的操作。

9 将表面装饰中的淡奶油、糖粉完全打发至硬挺，出现小尖角。

10 打好的淡奶油装入裱花袋中，用圆形花嘴（如果没有，也可以直接在裱花袋前面剪一个直径1厘米左右的口直接挤）。

11 蛋糕切成3片。

12 切好的蛋糕片，把顶部的一片倒过来当底，挤上淡奶油。

烘焙小语

蛋糕制作的注意事项，可参考戚风蛋糕的做法（见第67页）。

13 第二层同样操作。

14 蛋糕的底倒过来当顶，这一面比较平整。最上面的奶油用小抹刀抹平，再挤上半圈淡奶油。

15 装饰上鲜花即可，也可以用各种水果来装饰。

全蛋海绵蛋糕

全蛋海绵蛋糕相比戚风蛋糕轻盈的口感，前者口感更扎实。海绵蛋糕和戚风蛋糕一样，也算基础蛋糕必修课之一，因为很多奶油蛋糕都是用海绵蛋糕来做蛋糕坯的。

烘焙小语

1. 全蛋在40℃时最好打发。
2. 面粉与蛋液不要过度搅拌，以免消泡。

（直径8厘米纸模15个）

材料：

低筋面粉140克，鸡蛋4个，细砂糖20克，玉米油30克，牛奶30克，盐1克。

烘焙：

烤箱中层，180℃，上下火，约30分钟。

做法：

1. 鸡蛋、盐、细砂糖放入盆中。

2. 将打蛋盆坐浴在约40℃的水中，用打蛋器先中速后快速打发蛋液。

3. 打至提起打蛋器时，滴落下的蛋糊不会马上消失。

4. 取1/3的蛋糕放入装有玉米油、牛奶的碗中，拌匀。

5. 将拌匀玉米油、牛奶的蛋糕倒入原来剩余的蛋糕中。

6. 倒入过筛的低筋面粉，翻拌至没有干粉粒即可（不要过度搅拌，以免消泡）。

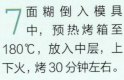

7. 面糊倒入模具中，预热烤箱至180℃，放入中层，上下火，烤30分钟左右。

拜拜蛋糕

它源自于台湾的妃娟，其实就是一款戚风蛋糕，但是有一个可爱的名字——拜拜蛋糕，意在用来拜访亲朋好友，作为手礼的一款蛋糕。这样的一款蛋糕，却有着出乎意料的细腻口感。

(6寸圆模1个)

材料：

蛋黄43克，低筋面粉50克，牛奶35克，色拉油（无味植物油）20克，蛋白85克，细砂糖43克。

烘焙：

烤箱中层，上火180℃，下火160℃，约10分钟。然后转为150℃，继续烤约25分钟。

做法：

1. 低筋面粉放入盆中，加入牛奶和色拉油搅拌均匀。

2. 再加入蛋黄。

3. 搅拌成均匀的蛋黄面糊。

4. 蛋白用电动打蛋器打至粗泡状，再分3次加入细砂糖。

5. 打至捞起后不滴落且有小弯勾的状态。

6. 取1/3蛋白糊加入到蛋黄面糊中，用刮刀翻拌均匀。

7. 再倒回剩余的蛋白糊内。

8. 继续用刮刀翻拌均匀，拌好的蛋糊浓稠均匀。

9. 将蛋糕倒入模具至八成满，双手拿起圆模，在桌面上轻震以震去大气泡。预热烤箱，先用上火180℃、下火160℃烤约10分钟至表面结皮上色。

10. 取出蛋糕，用利刀在蛋糕表面划出十字口，改成150℃继续烤25分钟。出炉后震模，立刻悬空倒扣，至完全冷却再脱模。

烘焙小语

1. 划十字口时要保持烤箱门始终关上，动作要迅速，以免烤箱内温度降低。
2. 不能分开控温的小烤箱，先用180℃烤10分钟，上色后划十字口，再改为150℃继续烤25分钟。

日式海绵蛋糕

这款海绵蛋糕用到的分蛋法不同于一般意义上的分蛋法,是先把蛋白打发到硬性,然后加入蛋黄继续打,很容易就能得到稳定的海绵蛋糕糊,用不消泡的方式做出完美的海绵蛋糕。

（31厘米×21厘米模具1个）

材料：

鸡蛋3个，细砂糖80克，柠檬汁（或白醋）1小匙，低筋面粉85克，玉米淀粉15克，牛奶50克，无盐黄油35克。

烘焙：

烤箱中层，170℃，上下火，约20分钟。

烘焙小语

1. 和全蛋法制作的海绵蛋糕不同，分蛋法将蛋黄和蛋白分别打发，再混合到一起，比全蛋打发的难度要低，制作起来相对简单。
2. 黄油和牛奶在最后一步添加，对新手来说有一定危险，因为油脂和面糊混合的时候很容易消泡。也可以先将蛋黄和牛奶黄油混合，制作起来更容易成功。
3. 翻拌面糊的时候一定要注意手法，从底部往上翻拌，不要画圈，快速将面糊翻拌均匀。

做法：

1 牛奶、黄油用微波炉中火打1~1.5分钟，成液态。

2 蛋白、蛋黄分开，蛋白置于无油无水的盆中，加入柠檬汁。

3 蛋白打至起粗泡，加入细砂糖。

4 细砂糖分3次加入蛋白中，将蛋白打至硬性发泡。

5 蛋黄加入打发的蛋白中。

6 继续打发至蛋糕浓稠，滴落的纹路非常明显、有堆积感。

7 一次性筛入低筋面粉和玉米淀粉混合物。

8 用刮刀切拌至均匀无干粉状（动作轻柔快速，不要划圈）。

9 加入化开的牛奶黄油。

10 仍然以切拌手法混合均匀。

11 从高处倒入模具中，轻磕震出多余大气泡。预热烤箱至170℃，放入中层，上下火，烤约20分钟。取出倒扣，凉至微温时即可脱模。为了成品更漂亮，可以在上面撒点糖粉装饰。

第二章 蛋糕

天使蛋糕

天使蛋糕和戚风蛋糕一样,是最基础的蛋糕之一。与其他蛋糕很不相同,其棉花般的质地和颜色,是由硬性发泡的蛋白、糖和面粉打造出来的。蛋糕口感有韧性,不松软。

（6寸圆模1个）

材料：

蛋白150克（约4个），低筋面粉50克，玉米淀粉10克，细砂糖50克，柠檬汁几滴。

烘焙：

烤箱中下层，170℃，上下火，约20分钟。

做法：

1. 蛋白倒入无油无水的打蛋盆中，挤入几滴柠檬汁。

2. 打发蛋白至起粗泡，加入1/3的细砂糖。

3. 蛋白打至细腻后，再加入1/3的细砂糖。

4. 加入剩余的细砂糖，直至将蛋白打至稳定的湿性发泡状态（即轻轻提起打蛋器，在盆中会留下弯弯的尖角）。

5. 将低筋面粉和玉米淀粉混合后过筛，倒入打发的蛋白中。

6. 用刮刀翻拌均匀。

7. 将打好的蛋白倒入模具中，用刮刀抹平表面。最后在桌面上震一下，震出面糊内部的大气泡。放入预热至170℃的烤箱，中下层，上下火，烤20分钟左右。烤制时间依自家烤箱调整。

烘焙小语

1. 天使蛋糕的制作只用到了蛋白，剩余的蛋黄可制作蛋黄饼干或者卡仕达酱。
2. 面粉和蛋白翻拌时手法要快，尽量采用从底部向上翻拌和划十字切拌法，不要画圈搅拌，那样很容易使蛋白消泡、面粉出筋。
3. 天使蛋糕韧性较强，所以切蛋糕时尽量使用带锯齿的或锋利的小刀，便于切出好看的切面。

魔鬼蛋糕

配方来自《经典蛋糕500》，魔鬼蛋糕是一种口感湿润、巧克力味浓郁的分层蛋糕。蛋糕夹层涂满厚厚的巧克力软酱，在蛋糕表面上装饰玫瑰花瓣造型，或者塑造一圈圈的漩涡，有着与众不同的多层次口感和造型风格。

（6寸圆模1个）

蛋糕坯材料：

无盐黄油85克，糖粉120克，无糖可可粉40克，牛奶150克，鸡蛋75克，低筋面粉100克，泡打粉2克，盐1克。

巧克力软酱材料：

70%黑巧克力100克，无盐黄油15克，动物淡奶油90克。

烘焙：

烤箱中层，180℃，上下火，约30分钟。

做法：

1. 将蛋糕坯材料中的黄油室温软化，加糖粉，用电动打蛋器打至颜色发白且浓稠。

2. 将可可粉和牛奶放入碗中，拌至均匀糊状。

3. 倒入已打发的黄油碗里，混合均匀。

4. 鸡蛋分多次加入可可黄油中，搅拌至均匀顺滑。

5. 将低筋面粉、泡打粉、盐混合过筛，倒入蛋糊中翻拌均匀。

6. 蛋糕模底部和围边刷黄油，并且铺好烘焙纸，将面糊倒入蛋糕模中。烤箱预热至180℃，上下火，烤约30分钟。出炉，倒扣取出，至彻底放凉。

烘焙小语

1. 蛋糕模底部和围边一定要刷黄油，并且铺好油纸。
2. 蛋糕分成几片，可依自己喜好而定，两片、三片都行。

7. 将巧克力软酱材料中的巧克力和黄油一起放入抗热碗中。

8. 将淡奶油煮到快要沸腾，离火，倒入巧克力、黄油中。

9. 静置5分钟后搅拌至顺滑，即为巧克力软酱。

10. 蛋糕分成两片。

11. 其中一片涂上巧克力软酱。

12. 盖上另一片，上面再涂一层巧克力软酱，做成自己喜欢的造型即可。

奶油甘纳许蛋糕卷

甘纳许（Ganache）是一种非常古老的手工巧克力制作工艺，就是把黑巧克力与鲜奶油一起以小火慢煮，至巧克力完全化开的状态，期间还要不断地搅动，使可可的质地尽量变得柔滑。

（28厘米×28厘米不粘烤盘1个）

蛋糕坯材料：

A：蛋黄4个，牛奶60克，低筋面粉60克，可可粉30克，糖粉35克，色拉油20克。
B：蛋白4个，糖粉40克。

奶油甘纳许馅材料：

甘纳许料：动物淡奶油60克，黑巧克力（可可脂含量65%或以上）60克，香草精几滴。
奶油馅料：动物淡奶油120克，糖粉20克。

烘焙：

烤箱中下层，190℃，上下火，烤12~15分钟。

做法：

1. 将A料中的蛋黄、糖粉、牛奶、色拉油放入盆中。
2. 打至蛋黄发白、变浓稠。
3. 可可粉和低筋面粉过筛，加入到蛋黄糊中，搅拌成柔顺的可可蛋黄糊。

4. 将B料中的蛋白打至粗泡后，分2次加入糖粉。
5. 打到蛋白细腻，拉起打蛋器有一个小小的尖角即可。
6. 取1/3的蛋白糊加入到可可蛋黄糊内，用刮刀轻柔快速地翻拌均匀。

7. 再整个倒回剩下的蛋白糊内。

8. 用刮刀轻柔快速地翻拌均匀。

9. 倒入烤盘内（普通烤盘需要铺油纸），抹平表面，轻轻震出气泡。预热烤箱至190℃，放入中下层，上下火，烤12~15分钟。

10. 取出，网架上铺一张油纸，将蛋糕放上面凉凉。

烘焙小语

1. 抹奶油时靠自己这边抹厚一点，另一边则只要薄薄的一层即可，是一个递减的过程。
2. 卷卷时，可以徒手卷，卷不起来的，可用一根擀面杖压着卷，手法参考第84页"爪印奶油蛋糕卷"。

11. 小锅加入甘纳许料中的淡奶油和黑巧克力，小火加热至化，加入香草精，不断用小勺搅拌至柔顺有光泽，关火放到一旁至凉。

12. 将奶油馅料中的淡奶油倒入小一点的盆内，加糖粉打发，打好后的淡奶油加入已经凉凉的甘纳许中，再低速打匀即成奶油甘纳许馅。

13. 放凉的蛋糕片上抹上奶油甘纳许馅。

14. 提起油纸的一边向前卷起。

15. 卷起压紧后，用油纸包好，放入冰箱冷藏1小时即可食用。

爪印奶油蛋糕卷

爪印奶油蛋糕卷，稍微花点心思，画上些图案，就会变得更可爱，非常出彩。让人第一眼看上去就喜欢，宝宝会更喜欢。

（28厘米×30厘米烤盘1个）

蛋糕坯材料：

A：蛋黄4个，低筋面粉80克，色拉油50克，可可粉2克，细砂糖10克，牛奶60克。

B：蛋白4个，柠檬汁5滴，细砂糖50克。

奶油馅材料：

动物淡奶油150克，细砂糖20克。

烘焙：

烤箱中层，180℃，上下火，约14分钟。

做法：

1 A料的蛋黄中加入细砂糖、色拉油、牛奶，搅打均匀至油水融合。

2 将低筋面粉筛入蛋黄盆中，搅拌均匀至无颗粒的浆糊状。

3 用勺子取15克蛋黄糊于小碗中。

4 把可可粉筛入小碗中，用勺子切拌均匀。

5 将B料中的蛋白放入无油无水的盆中，加入柠檬汁，搅打至起粗泡时，加入B料中1/3的细砂糖。

6 继续搅打，剩余的细砂糖分次加入蛋白中，打至提起打蛋器时，蛋白尖峰长而不挺立，表示已经到了湿性发泡的程度，蛋白打到这个程度就可以了。

7 取约为可可蛋黄糊2倍的蛋白糊于小碗内，搅拌均匀成可可糊。

8 装入裱花袋里面。

9 烤盘内铺好油纸，将裱花袋细端剪一个小口，在油纸上画出爪子的形状。将烤盘放入预热好的烤箱，180℃，烤1分钟，定形。定好形的图案面糊表面是干燥的，用手指轻戳，无液体流动。

10 把蛋白糊与蛋黄糊分次加入，搅拌均匀成蛋糕糊。

11 把搅拌好的蛋糕糊倒入烤好的爪印烤盘内，抹平。

12 双手持烤盘，轻摔几次，震去大气泡。放入已经预热的烤箱，180℃，中层，上下火，烤14分钟左右。

13 将烤盘从烤箱取出，倒扣在烤网上。

14 趁热小心撕开四周的油纸。

15 奶油馅材料中的淡奶油中加入细砂糖，搅打至硬挺状态。

烘焙小语

撕去油纸后再盖上去，这样可以保留蛋糕片的水分，卷的时候不开裂。

16 将揭去油纸的蛋糕再次倒扣在新油纸上。现在蛋糕烤黄的那面向上，将奶油均匀地抹在蛋糕表面。

17 用擀面杖把蛋糕卷起来。

18 卷好后放冰箱定形30分钟即可。

圣诞树根蛋糕

圣诞树根蛋糕,可爱的造型,缤纷的色彩,缠绵的香味,是否开启了你平安夜的甜蜜梦境?!

（28厘米×28厘米烤盘1个）

蛋糕坯材料：

鸡蛋4个，低筋面粉80克，细砂糖50克（加入蛋白中），盐1克，泡打粉2克，细砂糖20克（加入蛋黄中），色拉油40克，牛奶40克，白醋几滴。

夹心巧克力奶油霜材料：

动物淡奶油100克，可可粉10~20克（根据自己喜爱的颜色和浓度增减），糖粉20克。

涂抹层巧克力酱材料：

动物淡奶油100克，黑巧克力80克，可可粉10克（根据自己喜爱的颜色和浓度增减），糖粉15克。

烘焙：

烤箱中上层，160℃，上下火，约15分钟。

做法：

1. 将蛋糕坯材料中的蛋白、蛋黄分离，将细砂糖和蛋黄混合，搅打至蛋黄发白、细砂糖化开。

2. 加入牛奶搅拌均匀，再加入色拉油继续搅匀。

3. 低筋面粉、泡打粉和盐混合过筛，加入蛋黄中，从底部往上翻拌（不要画圈搅拌，以免出筋影响膨发）。

4. 蛋白放入无油无水的盆中，加入几滴白醋，用电动打蛋器打至起粗泡，分3次加入细砂糖，打至蛋白成硬性发泡。

5. 将蛋白的1/3放入蛋黄糊中，轻轻从底部往上翻拌均匀。

6. 将拌好的面糊再倒回蛋白中。

7. 轻轻从底部往上翻拌均匀。

8. 将烤盘垫不粘油布或油纸，面糊倒入烤盘，轻磕几下使气泡排出，用刮板将面糊涂抹均匀、表面刮平。烤箱预热至180℃，转160℃，放入中上层，上下火，烤约15分钟至表面微黄、表皮不黏手即可关火取出。

9 夹心巧克力奶油霜中的淡奶油加入糖粉,打发至七八成发(基本上流动不了的状态),筛入可可粉。

10 轻轻拌匀即为巧克力奶油霜。

11 取出烤盘,凉凉,在蛋糕坯上抹上巧克力奶油霜,在蛋糕两头少涂一些,以免卷的时候奶油霜挤出。奶油霜厚薄根据自己喜好调整。

12 把蛋糕坯稍用劲卷起来,马上用油纸包住,两头扎紧,放入冰箱冷藏1~2小时。

烘焙小语

1. 蛋糕坯烤制时间不宜过长,否则卷的时候会开裂,烤到蛋糕表面金黄色,约15分钟就停火。
2. 烤出的蛋糕坯不能太厚,多卷两圈更像树桩,好看。
3. 可根据个人喜好装饰上草莓、蓝莓等水果。

13 涂抹层巧克力酱中的淡奶油加入糖粉,打发至可以裱花的状态。

14 筛入可可粉。隔水加热黑巧克力,放凉后加入打发的奶油中,轻轻拌匀即为巧克力酱。

15 冷藏好的蛋糕卷切掉两头,涂抹上巧克力酱,不需要太平整。

16 用叉子剐出树桩的纹路。

17 切掉2小截做小树桩,切下来的小树桩放在蛋糕卷上或者旁边,最后自由发挥装饰蛋糕。

乳酪布朗尼

布朗尼蛋糕是一种切块的小蛋糕,层次丰富,主角是黑巧克力,必不可少的配角则是核桃。她不像普通乳酪蛋糕般单调,而是散发着浓郁的巧克力的魅惑,放在舌尖上让人欲罢不能。

（20厘米×10厘米×7厘米模具1个）

布朗尼面糊材料：

黑巧克力90克，无盐黄油65克，鸡蛋65克，细砂糖45克，香草精1/2小匙(2.5毫升)，中筋面粉40克。

奶酪糊材料：

奶油奶酪100克，细砂糖25克，香草精1/4小匙，全蛋液20克。

表面装饰：

巧克力酱适量，核桃35克。

烘焙：

烤箱中层，190℃，上下火，烤25~30分钟。

做法：

1 取一个大碗，打入布朗尼面糊材料中的鸡蛋，用筷子打散（也可以使用打蛋器，但要注意，将鸡蛋打散即可，不要打出太多泡沫），倒入细砂糖。

2 滴入香草精，搅拌均匀（也可以不加）。

3 黄油与黑巧克力放入一个碗中，隔水加热，并且不断搅拌，直到黄油和巧克力都化成液体。

4 把黄油和巧克力的混合物冷却到30℃左右，倒入鸡蛋液，搅拌均匀。

5 筛入中筋面粉，用刮刀翻拌均匀，布朗尼面糊就基本完成了。

6 将奶酪糊材料中的奶油奶酪室温软化，加入细砂糖和香草精，用打蛋器打至顺滑无颗粒的状态。

7 加入全蛋液,搅打均匀。

8 搅打好的奶酪糊十分光滑且细腻。

9 先在模具里倒入布朗尼面糊。

烘焙小语

1. 如果想要布朗尼更加膨发,可以在面粉里加入1/4小匙的泡打粉,做出的布朗尼口感会更像蛋糕。

2. 烤好的蛋糕一定要冷藏4小时以后再切,否则刚出炉的蛋糕内部非常软嫩,难以切块。

10 核桃切成碎粒,但不宜太碎。

11 均匀地撒上核桃碎。

12 倒入奶酪糊。

13 淋上表面装饰中的巧克力酱,用牙签插入面糊,划出大理石纹路。把模具放入预热至190℃的烤箱,中层,上下火,烤25~30分钟。

轻乳酪杯子蛋糕

轻乳酪蛋糕清爽却不清淡；绵软却不过于湿润。淡淡的奶酪味道轻盈如云朵，细腻缠绵。

（直径8厘米小圆模7个）

材料：

奶油奶酪120克，动物淡奶油50克，牛奶50克，低筋面粉25克，无盐黄油30克，鸡蛋3个，玉米淀粉15克，细砂糖45克，白醋（或柠檬汁）几滴。

烘焙：

水浴法，烤箱下层，上下火，180℃烤15分钟，转140℃烤约30分钟。

烘焙小语

1. 如果用的是大模具，烤好后取出，放置3分钟，看到蛋糕边缘脱开，将蛋糕模侧拿，转几圈，盖上一个平底盘，翻转倒扣出蛋糕，再在蛋糕底部盖上平盘，翻转回正面，脱模完成。
2. 如果是活底模具，需要包好锡纸，以免水浸到模具中。

做法：

1. 将动物淡奶油、奶油奶酪、牛奶、黄油放在一个干净的大碗中。

2. 隔水加热，搅拌到细腻浓稠。

3. 蛋白、蛋黄分离在两个干净的盆中。将蛋黄打散，加入奶油奶酪糊中，快速搅拌均匀。

4. 筛入低筋面粉和玉米淀粉，搅拌均匀，放入冰箱冷藏15分钟。

5. 在蛋白中加几滴白醋或者柠檬汁，低速打至起粗泡，加入细砂糖，从低速开始打，慢慢加速，打至拉起打蛋器，蛋白垂下三角尖头（湿性发泡）。

6. 把奶油奶酪糊从冰箱拿出来，这时候奶油奶酪糊应该是比较浓稠的状态。取1/3蛋白到奶油奶酪糊里，切拌均匀。

7. 再将切拌好的奶油奶酪糊倒进蛋白盆中，切拌均匀成面糊。

8. 将面糊倒入模具中，轻磕几下，将蛋糕模放在注水的烤盘中，放入烤箱下层（水不要多到晃出来或者使蛋糕模在上面漂移，水也不要放太少了，以免中途干了）。

9. 水浴法，上下火，180℃烤15分钟，转140℃烤约30分钟。

桑果乳酪蛋糕

桑果乳酪蛋糕既有水果的酸甜滋味，又有奶酪的香浓口感，却少了重奶酪的厚重。

（直径 8 厘米的小圆模 5 个）

材料：

奶油奶酪 200 克，细砂糖 60 克，牛奶 100 克，玉米淀粉 15 克，蛋黄 2 个，蛋白 30 克，低筋面粉 20 克，香草精 1/2 小匙，桑果（桑葚）50 克。

烘焙：

水浴法，烤箱中层，170℃，上下火，约 25 分钟。

做法：

1 奶油奶酪室温软化，加入细砂糖，用隔水加热的方式搅至光滑无颗粒。

2 加入牛奶、低筋面粉、玉米淀粉，拌匀。

3 离开热水，降温后加入蛋黄、蛋白、香草精，搅拌成均匀的奶酪糊。

4 桑果洗净，放入料理机中打成泥。

5 加入 1 小匙奶酪糊，拌匀成桑果奶酪糊。

6 将奶酪糊倒入模具中。

烘焙小语

1. 烤制时间依自家烤箱调整。
2. 冷藏后食用，口味更佳。

7 再将桑果奶酪糊用小勺舀在其表面，用牙签或刀尖在桑果奶酪糊上划线条。

8 将模具放入烤盘中，往烤盘内注入适量清水，预热烤箱至 170℃，中层，上下火，烤约 25 分钟。

熔岩巧克力蛋糕

当巧克力在你口中融化的时候,香醇浓郁、柔滑细腻的口感,闭上眼睛,余香缥缈,她细腻的质感带给你无限喜悦和甜蜜。

（直径7厘米小圆模8个）

材料：

黑巧克力（含可可脂65%~70%）100克，鸡蛋 4个，无盐黄油 100克，细砂糖 50克，低筋面粉 55克，白兰地（或朗姆酒）10毫克。

烘焙：

烤箱中层，220℃，上下火，8~10分钟。

烘焙小语

1. 熔岩蛋糕一定要注意烤的时间。需要使用高温快烤，以达到外部的蛋糕组织已经坚固，但内部仍是液态的效果。如果烤的时间过长，则内部凝固，吃的时候就不会有熔岩流出来的感觉。如果烤的时间不够，外部组织不够坚挺，可能出炉后蛋糕就会塌掉。
2. 这款蛋糕要趁热食用，否则就看不到内部热腾腾的巧克力浆液流出，感觉不到那种惊喜了。

做法：

1 把黄油切成小块，和黑巧克力一起放入大碗中。

2 隔水加热并不断搅拌至完全化开。

3 然后冷却至35℃左右备用。

4 鸡蛋打入另一个碗中。

5 加入细砂糖，并用打蛋器打发至稍有浓稠的感觉即可，不必完全打发。

6 加入白兰地（或朗姆酒），用打蛋器搅拌均匀。

7 把打好的鸡蛋倒入黑巧克力与黄油的混合物中。

8 搅拌均匀。

9 筛入低筋面粉，用刮刀轻轻翻拌均匀。将拌好的巧克力面糊放入冰箱冷藏半小时。

10 将冷藏好的面糊倒入模具中（七成满即可），放入预热至220℃的烤箱，中层，上下火，烤8~10分钟。待不烫手的时候去模，趁热食用。

第二章 蛋糕

舒芙蕾

（直径8厘米烤碗2个）

材料：

鸡蛋2个，牛奶105克，细砂糖35克，高筋面粉18克，无盐黄油18克，香草精几滴，糖粉适量。

烘焙：

烤箱中层，190℃，上下火，约16分钟。

舒芙蕾，只有出炉后的短短几分钟品尝时间，有人形容它为：一触舌尖即融化的绝美滋味。时间一过，曾经的美丽随着热气的散去迅速塌陷，独特的轻盈口感与浓郁的鲜奶和清爽的香草味也不复存在了。

烘焙小语

1. 舒芙蕾是一款出炉后在短时间内就会塌陷的甜点。为保证口感，请在出炉后立即食用。

2. 将打发好的蛋白与蛋黄面糊混合时，一定要采用从底部往上的翻拌手法，不要画圈搅拌，以免消泡。

做法：

1 在烤碗内壁薄薄涂抹一层黄油（另备），倒入细砂糖（另备）摇晃，使细砂糖均匀地粘在模具壁上，将多余的糖倒出。

2 黄油室温软化至液态，加入高筋面粉，搅拌均匀成糊状。

3 牛奶倒入奶锅中，加入20克细砂糖，将奶锅里的牛奶煮至沸腾。

4 煮开的牛奶慢慢倒入面糊里，边倒边搅拌。

5 牛奶全部倒完并搅拌均匀后，将混合液过筛，倒回奶锅里。重新用小火加热不断搅拌，直到沸腾并成浓稠的状态。离火，冷却10~15分钟。

6 鸡蛋的蛋黄与蛋白分开，将蛋黄加入到冷却的面糊中。

7 加入几滴香草精拌匀。

8 蛋白中分2~3次加入剩下的细砂糖，用打蛋器打至干性发泡状态。

9 取1/3蛋白到蛋黄面糊中，翻拌均匀。

10 然后再全部倒回蛋白里。

11 并再次翻拌均匀，成为舒芙蕾面糊。

12 把舒芙蕾面糊倒入准备好的模具里，八九成满。烤箱预热至190℃，放入中层，上下火，烤16分钟左右，直到完全膨起，表面呈金黄色，出炉。出炉后在表面撒上糖粉，并立即食用。

柠檬糖霜蛋糕

柠檬糖霜蛋糕是介于磅蛋糕和海绵蛋糕之间的一种蛋糕，松软的蛋糕淋上糖霜，撒上柠檬皮屑，有一种很奇妙的酸酸甜甜的味道。

（六连模1个）

蛋糕坯材料：

鸡蛋100克，细砂糖140克，盐1克，新鲜柠檬皮屑1个，低筋面粉110克，泡打粉2克，乳酸黄油44克，动物淡奶油70克。

糖霜材料：

糖粉240克，柠檬汁53克，柠檬皮屑1个，君度酒3克。

烘焙：

烤箱中层，上火160℃，下火150℃，烤25~30分钟。

做法：

1 将蛋糕坯材料里的鸡蛋、细砂糖、盐放入打蛋盆中。

2 隔水加热至45℃，打发至体积膨大、颜色发白。

3 黄油、淡奶油一起隔50℃的热水至化。

4 将打发好的蛋糕与事先过筛的低筋面粉、泡打粉、柠檬皮屑一起搅拌均匀。

5 再加入化开的黄油、淡奶油。

6 搅拌均匀成蛋糕面糊。

7 蛋糕模刷黄油、粘面粉（不可太厚，只需薄薄一层）。

8 将蛋糕面糊倒入模具中，约七成满。预热烤箱至180℃，放入中层，上火160℃，下火150℃，烤25~30分钟，出炉。

9 将糖霜材料里的糖粉、柠檬汁、柠檬皮屑、君度酒一起搅拌均匀，即为糖霜。

10 将糖霜均匀地淋在刚出炉的蛋糕表面，蛋糕底部朝上，糖霜需完全覆盖蛋糕表面。再将淋好糖霜的蛋糕放进烤箱烘烤约2分钟。不用再开火，利用余温烘干表面至不粘手即可。

烘焙小语

待蛋糕完全冷却后，常温密封保存即可，切记不可放冰箱，表面会化出水。

摩卡杯子蛋糕

（直径 8 厘米纸杯 7 个）

蛋糕坯材料：

65% 的黑巧克力 70 克，浓缩咖啡 25 克，鸡蛋 2 个，细砂糖 50 克，玉米淀粉 10 克，低筋面粉 20 克。

奶酪馅材料：

奶油奶酪 60 克，动物淡奶油 50 克，细砂糖 10 克。

表面装饰：

黑巧克力 8 克。

烘焙：

烤箱中层，175℃，上下火，约 20 分钟。

烘焙小语

1. 如果没有浓缩咖啡，用 2 克纯速溶咖啡粉溶解在 33 克热水里，用来代替浓缩咖啡使用。
2. 不想制作咖啡口味，可以用等量的牛奶代替浓缩咖啡，制成原味的巧克力蛋糕。

摩卡杯子蛋糕是咖啡和巧克力的相遇，稳重的摩卡也能有小清新的姿态，因此这款蛋糕具有浓醇、厚实、柔软的口感，与细腻浓滑的奶油奶酪馅一起，堪称完美搭配。

做法：

1 黑巧克力切成小块，与现煮的浓缩咖啡混合，隔水加热或用微波炉加热，搅拌至黑巧克力化成液体。

2 将鸡蛋的蛋黄与蛋白分开。将蛋黄加入到巧克力里，用打蛋器搅拌均匀。

3 再加入20克细砂糖，筛入玉米淀粉、低筋面粉，搅拌均匀。将巧克力混合液冷却至室温、变得浓稠。

4 蛋白中分次加入剩下的细砂糖。

5 用电动打蛋器打发，一直打发到提起打蛋器，蛋白能拉出弯弯尖角的湿性发泡状态。

6 取一小半打发的蛋白到巧克力混合液里，用刮刀从底部往上翻拌均匀（不要画圈搅拌）。

7 将拌匀的巧克力蛋白糊全部倒回蛋白里，继续用同样的手法翻拌均匀。

8 制成蛋糕面糊。

9 将面糊倒入模具中，放入预热至175℃的烤箱，中层，上下火，烤20分钟左右，直到完全膨起。从烤箱取出，冷却。

10 将奶酪馅材料中的动物淡奶油用打蛋器打发至纹路挺立的状态。

11 奶油奶酪室温或隔水加热软化，加入细砂糖，用打蛋器打发到顺滑无颗粒。将打发好的奶油和奶油奶酪混合在一起，用刮刀翻拌均匀，即为奶酪馅。

12 将奶酪馅装入裱花袋里，用小号的星形花嘴。

13 在蛋糕上挤上奶酪馅，撒上用擦丝器擦的非常细小的黑巧克力碎屑。

第二章 蛋糕

酥粒蓝莓麦芬蛋糕

轻轻咬一口酥粒蓝莓蛋糕,蓝莓在嘴里倏地变成又香又甜的汁水,如同游戏一般让人无法拒绝。

（直径8厘米小圆模6个）

蛋糕坯材料：

低筋面粉150克，细砂糖50克，无盐黄油75克，鸡蛋1个，动物淡奶油95克，泡打粉3克，盐1克，蓝莓65克。

酥粒材料：

无盐黄油25克，糖粉25克，杏仁粉25克，低筋面粉25克。

烘焙：

烤箱中层，180℃，上下火，约20分钟。

做法：

1 酥粒材料里的黄油、糖粉、杏仁粉、低筋面粉混合。

2 捏成碎粒状即可，放一边备用。

3 蛋糕坯中的黄油化开后，加入淡奶油，拌匀。

4 加入鸡蛋拌匀。

5 加入细砂糖拌匀。

6 低筋面粉、盐、泡打粉混合过筛，加入蛋糊中，搅拌均匀。

7 将调好的面糊装入模具中。

8 将蓝莓放在面糊表面。

9 撒上酥粒。预热烤箱至180℃，放入中层，上下火，烤20分钟左右。

烘焙小语

酥粒用不完可放冰箱冷冻，下次再用。

魔法卡仕达蛋糕

这是一款火遍海外美食圈的蛋糕,在海外大小美食网站上都能看到她的身影,很神奇的是,一种面糊出来三种不同层次的口感。

（8寸长方形模具1个）

材料：

鸡蛋4个，细砂糖120克，香草精3~4滴，无盐黄油113克，低筋面粉115克，牛奶480克。

烘焙：

烤箱中层，180℃，上下火，约40分钟。

做法：

1 将蛋白、蛋黄分开，蛋白里分3次加入60克细砂糖，打发至硬性发泡，备用。

2 蛋黄里加入剩余的细砂糖，打至颜色变浅黄，加入3~4滴香草精混合均匀。

3 加入液化黄油。

4 混合均匀。

5 筛入低筋面粉。

6 快速混合至无干粉状。

7 面糊里分次加入牛奶，每次加入都要搅拌均匀，再加入下一次。

8 把打发好的蛋白分3次加入。

9 快速画圈使其融合。

10 把像汤一样稀的面糊倒入模具中（记得模具中要铺油纸，好脱模）。预热烤箱至180℃，放入中层，上下火，烤40分钟左右。烤到表面金黄，牙签插入能干净带出。时间和温度根据自家烤箱进行调整。

烘焙小语

1. 面糊非常稀，不用害怕，最好用一体模具，以免漏出。
2. 模具不宜过大，太大，蛋糕薄了，分层就不明显。模具最好铺上油纸，好脱模。
3. 烤好后放在烤盘里放凉至室温，然后盖保鲜膜放冰箱冷藏1小时帮助定形，这样会好切很多。

苹果磅蛋糕

磅蛋糕又叫奶油蛋糕,是一种常见的基础蛋糕。磅蛋糕源于18世纪的英国。当时的磅蛋糕只有四样等量的材料:一磅糖、一磅面粉、一磅鸡蛋、一磅黄油。现今,磅蛋糕在比例上不局限于最初的各占1/4了,还会加入鲜奶油等材料。

（8寸圆模1个）

材料：

无盐黄油125克，细砂糖125克，鸡蛋3个，低筋面粉200克，泡打粉3克，牛奶40克，苹果1~2个。

烘焙：

烤箱中层，180℃，上下火，烤45~50分钟。

做法：

1. 苹果洗净，切成4份，去核，切薄片。

2. 黄油室温软化，加入细砂糖，用电动打蛋器打发至蓬松发白。

3. 鸡蛋逐个加入，每次加入后都要打到黄油顺滑再加入下一个（如果出现油水分离，可以加入少量面粉或者隔热水稍微加热一下，继续打发）。

4. 分次加入过筛后的低筋面粉和泡打粉。

5. 用刮刀从底部搅拌至没有干粉。

6. 分次加入牛奶并搅拌均匀。

烘焙小语

面粉的吸水量不同，面糊过干时，可以加入牛奶进行调节。

7. 用刮刀舀起面糊并往下滴，面糊自然滴落，浓度刚好。如果紧紧粘在刮刀上，说明面糊过干，可以再加入牛奶调节。

8. 将面糊倒入模具中，表面刮平。

9. 切好的苹果片均匀地摆在面糊表面。预热烤箱至180℃，放入中层，上下火，烤45~50分钟。用竹签插入蛋糕拔出，无面糊粘连，说明已经烤熟，出炉后无须倒扣。

第三章
面包、比萨
20款

面包、比萨

面包、比萨烘焙入门知识

1 高筋面粉的选择

做面包需要用高筋面粉,这是面包组织细腻的关键之一。高筋面粉又称强筋面粉,蛋白质含量在 12% 以上,因蛋白质含量高,所以它的筋度强。高筋面粉不仅可以用来制作面包,还可以做酥皮类点心、泡芙等。

也可选择蛋白质含量为 12% 以上的小麦麦芯粉,包装上都可看到有标识。也可以购买专用的面包粉。

2 面包的四种不同制作方法

面包的制作中,因发酵方式不同,可分为直接法、汤种法、烫种法、中种法。

直接发酵法:这种方法省时简便,适合绝大部分的面包品种。即将所有的配方材料全部加入,一次性搅拌成需要的面团,再进行发酵、分割、整形和烘焙。

汤种发酵法:是将面粉和水混合,使面粉中的淀粉糊化,或者将热水冲入面粉使淀粉糊化,称为汤种。汤种再加其他材料发酵、整形、烘烤而成的面包称为汤种面包。

烫种发酵法:是在面团中加入熟面糊,这样可提高面包的持水量,使面包更加柔软,有很好的拉丝效果,保湿时间极大地延长了。65℃汤种法是烫种法的改良法,即将面粉加水后加热至 65℃,使淀粉糊化。

中种发酵法:是分两次搅拌的方法,即先搅拌中种面团,使其经过一段时间发酵,再加入剩余材料一起打成主面团,接下来步骤不变,继续把面包做完即可。另有冷藏中种法,即将中种面团放进冰箱冷藏室隔夜发酵。

3 面包制作的关键步骤：搅拌面团

面团搅拌，就是揉面，是决定面包制作成败的重要环节。面粉加水以后，通过不断的搅拌，面粉中的蛋白质会渐渐聚集起来，形成面筋，搅拌得越久，面筋形成越多。

根据面团搅拌的不同程度，可分为扩展阶段和完成阶段（完全扩展阶段），很多甜面包为了维持足够的松软度，不需要太多的面筋，只需要揉到扩展阶段。而大部分吐司面包，则需要揉到完全扩展阶段。

扩展阶段：通过不停的搅拌，面筋有一定的韧性，用手抻开面团，可以形成一层薄膜。取一小块面团，用手抻开，当面团能够形成透光的薄膜。虽能抻出半透明的薄膜状，但是容易被抻破，破洞的周围呈不规则的锯齿形状。

完成阶段（完全扩展阶段）：继续搅拌，到面团筋性更强韧，能形成坚韧的很薄的薄膜，用手捅不易破裂，甚至可以罩住整个手掌，是手套膜阶段，也是完全阶段的终极状态，这样做吐司效果最好。

如果到达了完成阶段，还继续揉的话，接下来的面团会揉过头，不适合做面包了。

4 面包的发酵

发酵是决定面包制作成败的第一大重点因素。可分为基础发酵、中间发酵、最后发酵。

基础发酵：一般家庭制作时，可将面团放入容器中盖上盖子或湿毛巾，然后放入密闭的微波炉或烤箱中发酵，也可使用面包机的发酵功能，28℃进行发酵，需要1小时左右即可完成发酵，这样比较方便。

中间发酵：中间发酵也称中间松弛，是为了接下来的面团整形。如果不经过中间松弛，面团会非常难以伸展，不易整形。中间发酵在室温下进行即可，一般甜面包为15分钟，欧包、法棍等为30分钟左右。

最后发酵：又叫第二次发酵，把整形好的面团排入烤盘，不再移动位置，放入温暖湿润处发酵至原体积的2倍大即可。一般要求在38℃左右，湿度为75%，时间是30～45分钟。

可将面团在烤盘上排好后，放入烤箱，在烤箱底部放一盘开水，关上烤箱门，水蒸气会在烤箱这个密闭的空间营造出需要的温度与湿度。如果开水冷却后，发酵没有完全，需要及时更换。

怎么判断已经发酵好了呢？普通面包的面团，一般能发酵到原体积 2 ~ 2.5 倍大，用手指粘面粉，在面团上戳一个洞，洞口不会回缩即表明发酵完成。

5 厚底比萨与薄底比萨的区别

比萨有薄底和厚底之分，一般来说薄底是意式的，厚底是美式的。

美式的比萨软些，意式的比萨比较脆、有嚼头。味道上分别不大，主要是面饼上有分别。

6 比萨面团中为什么要加低筋面粉

比萨面团中加低筋面粉，是为了平衡面团的筋度，高筋面粉筋度太高，擀面皮时面团回缩很快。而且，用混合粉做成的饼底既有嚼头，又蓬松好吃。

7 比萨酱和番茄酱的区别

番茄酱是鲜番茄的酱状浓缩制品，一般不直接入口，主要用于做菜调味，必须经过烹饪处理后食用。

比萨酱是由鲜番茄混合纯天然香料秘制而成，具有风味浓郁的特点。

比萨酱比番茄酱有更浓的香味，口感上更有层次感。在制作比萨时材料中添加了洋葱等香味材料，那么用番茄酱代替比萨酱，基本上对比萨的口味表现没有太大的影响。

8 番茄酱和番茄沙司的区别

番茄酱是鲜番茄的酱状浓缩制品，一种富有特色的调味品，一般不直接入口，主要用于做菜调味，必须经过烹饪处理后食用。

而番茄沙司是番茄酱加糖、醋、食盐，在色拉油里炒熟，调制出的一种酸甜调味汁。是可以直接食用，而从营养角度来说，番茄酱的番茄红素含量要远远高于番茄沙司。

百香果奶酪白面包

百香果奶酪白面包不含鸡蛋,用的是植物油。为了保持白面包本身天然洁白的色泽,奶酪馅里加入了百香果,奶酪与清甜的百香果搭配起来简直是一绝,口感细腻、松软、清新。

面包材料：

高筋面粉150克，水90克，细砂糖15克，植物油13克，盐1克，干酵母粉2克。

奶酪馅材料：

奶油奶酪105克，细砂糖20克，百香果肉1个。

烘焙：

烤箱中层，165℃，上下火，约15分钟。

做法：

1. 将奶酪馅材料中的奶油奶酪放入大碗中，加细砂糖，用打蛋器搅打细腻。
2. 加入百香果肉。
3. 搅打均匀。

4. 把面包材料放入厨师机中。
5. 揉至能拉出薄膜的完全扩展阶段。
6. 在室温下发酵到2倍大。

7. 把发酵好的面团排气，滚圆，静置15分钟。
8. 分成6份。
9. 取一份，擀成圆形，放入奶酪馅，将面团收口捏紧。

10. 将面团收口朝下放在烤盘上，放入38℃的烤箱中，再放入一杯热水，以保持湿度，二次发酵至2倍大。
11. 用筛网在发酵好的面团表面筛一层高筋面粉，然后放入烤箱，预热至165℃，中层，上下火，烤15分钟左右。当表面微黄的时候就可以出炉了。

烘焙小语

1. 不同品牌的面粉吸水率不同，可以酌情加减水的用量。
2. 烘烤时间依据自家烤箱而定，上色后加盖锡纸。
3. 收口一定要捏紧，否则奶酪馅在最后发酵或烘烤的时候会爆出来。

南瓜小面包

超萌的南瓜小面包,惟妙惟肖。这款小面包从外皮到内馅都用到了南瓜泥,并且没有使用黄油,而用的是色拉油,因为黄油的味道很浓郁,与南瓜的清甜格格不入,所以,出炉的南瓜小面包清新可人。

面包材料：

高筋面粉205克，黑麦面粉35克，奶粉10克，细砂糖30克，盐3克，干酵母粉4克，南瓜泥70克，蛋黄1个，色拉油25克，水70克。

南瓜馅材料：

南瓜泥200克，奶粉15克。

表面装饰：

紫薯条、蜂蜜各适量。

烘焙：

烤箱中层，180℃，上下火，约20分钟。

做法：

1 将南瓜馅材料中的南瓜泥加奶粉拌匀。

2 将所有面包材料混合（水不要一次全部倒入，根据南瓜泥的湿度调节水的用量），一直揉到完全扩展阶段。

3 将面团放入面包机中基础发酵至2倍大。

4 面团取出排气，滚圆，静置15分钟。

5 分割成8等份。

6 取一小块面团，按扁后包入南瓜馅。

7 小心收口。

8 收口朝下，用浸过黄油的线交叉绑住（线不用绑的太紧）。

9 摆入铺了油纸的烤盘内，入38℃的烤箱，最后发酵至2倍大。

10 烤箱预热至180℃，放入中层，上下火，烤20分钟左右。烤好的面包取出后立即刷一层蜂蜜。凉凉后拆掉线，然后用紫薯条装饰成南瓜蒂。

> **烘焙小语**
>
> 1. 不同品牌面粉的吸水率不同，水可加减10克左右。
> 2. 烤制时间依自家烤箱而定。烤几分钟，面包上色后记得加盖锡纸，否则会烤黑了。

树袋熊面包

可爱的树袋熊面包,柔软的面包加上呆萌的树袋熊的模样,如此可爱,也难怪让小朋友爱不释手。

面包材料：

高筋面粉 250 克，低筋面粉 50 克，干酵母粉 4 克，细砂糖 40 克，盐 2 克，全蛋液 40 克，水 150 克，无盐黄油 30 克。

表面装饰：

耐烤巧克力豆适量，可可粉 2 克。

烘焙：

烤箱中下层，180℃，上下火，约 15 分钟。

做法：

1 将面包材料中除黄油之外的所有材料放入面包机中，揉至面团表面光滑，再加入黄油。

2 继续揉到面筋完全扩展阶段，即面团可拉出薄膜。

3 基础发酵至 2 倍大。

4 发酵好的面团排气，滚圆，静置 15 分钟。

5 先分割出 30 克和 60 克两个面团。

6 其余的分成 6 等份。

7 将 6 份面团整形滚圆，放入模具中，入 38℃ 的烤箱，再放入一杯热水，以保持湿度，最后发酵至 2 倍大。

8 30 克面团加 2 克可可粉。

9 揉匀，静置 15 分钟。

10 将可可面团擀成薄片，用裱花嘴刻出嘴巴和耳朵。

11 剩下的 60 克白面团分成 12 份，滚圆，做耳朵。

12 发酵好后，用耐烤巧克力豆装饰眼睛，小圆面团蘸少量清水，粘到大面团上做树袋熊的耳朵，再用可可面片装饰耳朵和嘴巴。烤箱预热至 180℃，放入中下层，上下火，烘烤 15 分钟左右。

烘焙小语

1. 不同品牌面粉的吸水率不同，水可加减 10 克左右。

2. 烤制时间依自家烤箱而定，上色后加盖锡纸。

法式乡村面包 (中种法)

法式乡村面包是只用水、面粉和盐做成的法国人最爱吃也是最常吃的一种面包。使用藤篮进行最后发酵，似乎是乡村面包的特色与标志。藤篮赋予面包如台阶般一圈圈的印痕。没有藤篮怎么办？可以直接放在烤盘上发酵。

发酵面团材料：

高筋面粉 100 克，水 64 克，干酵母粉 1 克，盐 2 克。

面包材料：

高筋面粉 200 克，黑麦粉 50 克，干酵母粉 4 克，盐 4 克，水 160 克，发酵面团 50 克。

馅料：

酒渍葡萄干 50 克，奶油奶酪 60 克。

表面装饰：

黑麦粉适量。

烘焙：

烤箱中层，预热 220℃，上火 220℃、下火 180℃，烤 20 分钟左右。

烘焙小语

没有石子，也可不用，预热时间 10 分钟即可。

做法：

1. 将发酵面团材料放入盆中，揉成光滑的面团，滚圆后放入容器，盖上保鲜膜，室温静置 1~2 小时后冷藏一晚上。

2. 取出前一晚的发酵面团，盖保鲜膜，回温 1 小时。撕成小块，投入厨师机中，揉至面团有弹性。

3. 面团搅拌好之后在 28℃ 的室温下醒发 60 分钟，至 2 倍大。

4. 稍微整圆，再中间发酵 30 分钟。

5. 30 分钟之后开始整形（整形的时候尽量用手，不要用其他工具）。根据自己的喜好在面团中加入适量用朗姆酒浸泡的葡萄干，揉匀。

6. 再包入馅料中的奶油奶酪，可提升面包整体的口感。

7. 整形完毕后，放入发酵篮中，放在 35℃ 左右的室温下，用保鲜膜封好，最后醒发 60 分钟。

8. 醒发好之后，在表面撒黑麦粉（撒粉是欧式面包的特色），然后在面团上划十字（划口的用意是让面包可以延展，让里面的空气释放掉）。

9. 预热烤箱至 220℃，为了增加蒸汽，用了一盘石子。预热 30 分钟后，放入面包，倒入一杯热水在石子上。进烤箱之后调至上火 220℃、下火 180℃，中层，烘烤 20 分钟左右。

简单白吐司

白吐司的材料最简单,味道却最纯。其实真正经典的,反而是用最简单的材料做出来的白吐司。吃下第一口,味道好似很单调,细品之下,淡淡的咸味,简单的麦香。

材料：

高筋面粉 250 克，干酵母粉 3 克，奶粉 20 克，细砂糖 35 克，盐 3 克，鸡蛋 1 个，水 130 克，玉米油 20 克。

烘焙：

烤箱中下层，190℃，上下火，约 30 分钟。

做法：

1. 将全部材料放入厨师机中。

2. 揉至可以拉出充满柔韧性的薄膜。

3. 基础发酵至 2 倍大。

4. 取出面团排气，滚圆，静置 15 分钟。

5. 分割成 3 份。

6. 取一份擀开。

7. 对折。

8. 擀开。

9. 卷起。

烘焙小语

1. 面团要充分揉至完全扩展阶段，这样口感才好。
2. 烤制时间依自家烤箱而定，上色后加盖锡纸。

10. 入吐司模内，放入 38℃ 的烤箱，再放一杯热水，以保持湿度，最后发酵至 2 倍大。

11. 烤箱预热至 190℃，中下层，上下火，烘烤 30 分钟左右。

第三章 面包、比萨

港式吐司

奶香味十足的港式吐司,有一种"老味道"。人们对于老味道的回忆,往往令人刻骨铭心。配方简单,直接法制作,柔软度和口感完全可以媲美人气超旺的北海道吐司。

材料：

高筋面粉250克，盐2克，细砂糖50克，干酵母粉3克，奶粉8克，全蛋30克，水135克，无盐黄油25克。

烘焙：

烤箱中下层，180℃，上下火，约45分钟。

做法：

1. 将除黄油外的所有材料一起放入面包机中，搅拌一个和面程序后，加入黄油。

2. 搅拌至完全扩展阶段，即可拉出薄膜。

3. 基础发酵至面团2倍大。

4. 面团分割3等份，排气后滚圆，静置15分钟。

5. 将每个面团擀成牛舌状。

6. 对折。

7. 擀开。

8. 卷起，静置10分钟。

9. 再擀开。

10. 卷起。

11. 放入吐司模中，入38℃的烤箱，再放入一杯热水，以保持湿度，最后发酵至2倍大。

12. 发酵大约八成时，烤箱预热至180℃，中下层，烘烤45分钟左右。

烘焙小语

面包发酵至八成时就应放入烤箱，避免发酵过度，烘烤时起发太高顶到发热管。

第三章 面包、比萨

加州吐司

酥脆的外皮,绵软的丝络,浓郁的黄油香味,非常醇香。加州吐司最大的特点是散发丝丝香甜的清香。

材料：

高筋面粉225克，低筋面粉25克，细砂糖45克，鸡蛋25克，盐3克，干酵母粉3克，奶粉10克，水135克，无盐黄油30克。

烘焙：

烤箱中下层，190℃，上下火，约40分钟。

做法：

1. 将除黄油之外的所有材料放入厨师机中，揉至面团表面光滑，再加入黄油。

2. 继续揉到面筋完全扩展阶段，即可拉出薄膜。

3. 基础发酵至2倍大。

4. 发酵好的面团排气，滚圆，静置15分钟。

5. 分割成3份。

6. 取一份擀长。

7. 卷起1.5~2圈，盖保鲜膜静置10分钟。

8. 再次擀开。

9. 卷起2.5~3圈，收口向下。

10. 全部做好，排入吐司模，放入38℃的烤箱，再放入一杯热水，以保持湿度，二次发酵至2倍大。

11. 发酵至模具八成满时，预热烤箱至190℃，中下层，上下火，约烤40分钟，出炉脱模。

烘焙小语

1. 不同品牌的面粉吸水率不同，水可加减10克左右。
2. 烘烤时间依据自家烤箱而定，上色后加盖锡纸。

花生酱吐司(汤种法)

花生酱一般分为幼滑及粗粒两种,粗粒款是在制作好的花生酱中再加入花生颗粒,以增加其口感。这款花生酱吐司用的是粗粒花生酱,花生酱浓浓的醇香,香浓到让人沉迷。

面包材料：

高筋面粉 232 克，低筋面粉 62 克，奶粉 11 克，全蛋液 32 克，细砂糖 35 克，盐 4 克，水 94 克，干酵母粉 4 克，无盐黄油 25 克。

65℃汤种材料：

高筋面粉 20 克，水 100 克。

馅料：

花生酱（粗粒）100 克

烘焙：

烤箱中下层，180℃，上下火，约 35 分钟。

做法：

1. 将汤种和面包材料里除黄油外的其他材料放入厨师机中。

2. 搅拌成团，加入黄油。

3. 继续揉到面筋完全扩展阶段，即可拉出薄膜。

4. 基础发酵至 2 倍大。

5. 发酵好的面团分割成 2 份，排气，滚圆，静置 15 分钟。

6. 取一份面团擀成面片，抹上花生酱。

7. 卷起，切成 3 条。

8. 辫成辫子。

9. 全部做好后，放入模具中，入 38℃的烤箱，再放入一杯热水，以保持湿度，最后发酵至 2 倍大。

10. 将面团发酵好，烤箱预热至 180℃，中下层，上下火，烘烤 35 分钟左右。

烘焙小语

1. 汤种的做法是将面粉和水搅拌均匀，小火加热至 65℃，出现纹路后熄火，加盖，放凉后冷藏 1 小时。
2. 花生酱的用量可依自己的喜好涂抹。

北海道牛奶吐司（中种法）

北海道牛奶吐司是在传统欧美白吐司的基础上，加入大量的牛奶和鲜奶油，使味道清寡的白吐司变得奶香醇厚、入口绵软，因此冠名"北海道牛奶吐司"。吐司浓浓的奶香，久久地弥散在鼻息间，口感柔软绵滑、细致浓郁。

材料：

A：高筋面粉 250 克，细砂糖 10 克，干酵母粉 3 克，牛奶 80 克，动物淡奶油 70 克，蛋白 17 克，无盐黄油 5 克。

B：蛋白 20 克，细砂糖 35 克，盐 3 克，干酵母粉 2 克，奶粉 15 克。

C：无盐黄油 5 克。

烘焙：

烤箱中下层，180℃，上下火，烘烤 45 分钟左右。

做法：

1 将所有 A 料混合揉成团，用冷藏发酵法，密封好，入冷藏室冷藏 12 小时。

2 将发好的面团加 B 料，放入厨师机中。

3 搅拌 1 分钟，加入 C 料，继续搅拌至面团出现薄膜即可。

4 继续发酵 10 分钟。

5 分割成 3 份，滚圆，再静置 15 分钟。

6 取一块面团，由中间往两边擀开。

7 翻面，从上往下轻轻卷起，卷 1.5~2 圈。全部做好后静置 10 分钟。

8 第二次擀卷，擀成长条形。

9 从上往下轻轻卷起，卷 2.5 圈，不要超过 3 圈。

10 放入吐司模内，入 38℃ 的烤箱，再放入一杯热水，以保持湿度，最后发酵至 2 倍大。

11 烤箱预热至 180℃，中下层，上下火，烘烤 45 分钟左右。

烘焙小语

1. 也可不用冷藏发酵法，在第 1 步之后，放入盆内发酵 2.5~3 小时，发酵至 2 倍大。
2. 步骤 9 卷圈时不要超过 3 圈，且收口向下，否则会影响起发。

酸奶芝士热狗

热狗（Hot dog）是香肠的一种吃法，美国最普通的一种食品。中间剖开后，可以铺上生菜，夹热狗肠、沙拉酱做热狗面包，也可以夹奶油霜做奶油面包。再配上一杯纯鲜牛奶或一碗米粥，精彩的早餐就在你手中。

面包材料：

高筋面粉200克，酸奶35克，奶油奶酪25克，全蛋液25克，水10克，干酵母粉3克，细砂糖15克，无盐黄油10克，盐2克。

夹馅材料：

火腿、早餐奶酪片各4片，生菜叶、番茄酱各适量。

烘焙：

烤箱中层，170℃，上下火，约12分钟。

烘焙小语

1. 热狗面包里放烤过的火腿片，味道更佳。
2. 挤番茄酱或沙拉酱的时候，不需要裱花袋，只需要把酱料装进保鲜袋，在保鲜袋的一角剪一个小口，即可挤出。

做法：

1. 将面包材料中的酸奶、奶油奶酪、全蛋液、水等液体先倒入盆中，再分别倒入高筋面粉、细砂糖、盐、干酵母粉，搅拌至面团光滑，加入软化的黄油，揉至能拉出薄膜的扩展阶段。

2. 在28℃左右基础发酵到1.5~2倍大。

3. 排气，滚圆，进行15分钟中间发酵。

4. 面团分割成4份。

5. 面团压平，用擀面杖擀成椭圆形。

6. 从一侧卷起，卷的时候注意，两边稍微往里收。

7. 卷好后，收紧，收口朝下放入热狗模中（没有模子，可直接放入烤盘中）。

8. 进行最后发酵，发酵到2倍大，在表面刷一层全蛋液（另备）。预热烤箱至170℃，放入中层，上下火，烤约12分钟。

9. 烤好的面包稍冷却后，从中间竖切一刀（不要切断）。在切口处夹入生菜叶、奶酪片，并在切口放上一根烤过的火腿片，挤入番茄酱，热狗面包就做好了。

花式汉堡

汉堡,是在圆面包的第二层中涂以黄油、芥末、番茄酱、沙拉酱等,再夹入番茄、洋葱、生菜、酸黄瓜等食材。这样的花式汉堡,其实只是稍微变换了样子,制作简单,却别一番新意。

面包材料：

高筋面粉 268 克，牛奶 160 克，无盐黄油 25 克，鸡蛋 25 克，细砂糖 25 克，盐 2 克，干酵母粉 3 克。

表面装饰：

熟腰果粒、全蛋液各适量。

夹馅材料：

火腿、奶酪各 8 片，生菜适量。

烘焙：

烤箱中下层，180℃，上下火，约 25 分钟。

做法：

1 将表面装饰中的熟腰果切碎。

2 将面包材料里除黄油之外的所有材料放入厨师机中，揉至面团表面光滑，再加入黄油。

3 继续揉到面筋完全扩展阶段，即面团可拉出薄膜。

4 基本发酵至 2 倍大。

5 发酵好的面团排气，滚圆，静置 15 分钟。

6 将面团分成 8 份。

7 将面团滚圆，放入不粘圆模中，放入 38℃ 的烤箱，再放入一杯热水，以保持湿度，最后发酵至 2 倍大。

8 发酵好后，刷全蛋液。

9 撒上熟腰果碎。烤箱预热至 180℃，中下层，上下火，烘烤 25 分钟左右。

10 将烤好的花环汉堡脱模，凉凉后用刀在每个汉堡中间如图纵切一刀。

11 在每个切口处夹入奶酪、火腿、生菜即可。

烘焙小语

1. 面包的夹馅可依自己的喜好搭配。
2. 步骤 8 中将发酵好的面团刷全蛋液，是为了口感更好，色泽更漂亮。

第三章 面包、比萨

迷你小汉堡

迷你小汉堡作为一款早餐面包,是不错的选择,纵切为二,中间夹上火腿、奶酪、蔬菜,轻轻地咬上一口,软软嫩嫩的面包夹着肉香,还有蔬菜纯粹的清香,先钻进你的鼻孔,百般地诱惑着你。

面包材料：

高筋面粉 250 克，细砂糖 20 克，盐 5 克，奶粉 5 克，干酵母粉 2.5 克，水 145 克，无盐黄油 25 克。

夹馅材料：

火腿、奶酪、生菜各适量。

烘焙：

烤箱中下层，180℃，上下火，约 15 分钟。

做法：

1. 将面包材料中除黄油之外的所有材料放入厨师机中，揉至面团表面光滑，再加入黄油。

2. 继续揉到面筋完全扩展阶段，即面团可拉出薄膜。

3. 基础发酵至 2 倍大。

4. 发酵好的面团排气，滚圆，静置 15 分钟。

5. 分割成 8 份。

6. 取一份擀开。

7. 对折。

8. 擀开。

9. 卷起。

10. 放入模具中，放入 38℃的烤箱，再放入一杯热水，以保持湿度，最后发酵至 2 倍大。

11. 烤箱预热至 180℃，中下层，上下火，烘烤 15 分钟左右。

12. 将小吐司横向切开，依自己的喜好加上奶酪、火腿、生菜等。

烘焙小语

1. 不同品牌面粉的吸水率不同，水可加减 10 克左右。
2. 吐司夹馅材料可以自由组合，选择小番茄、黄瓜、甜椒等不同颜色的蔬菜，不仅颜色更漂亮，营养也很丰富。

糖霜牛奶面包棒

做成细条状的糖霜牛奶面包,表层布满糖霜,朴素的外形,细腻的味道,不仅适合作为休闲点心,外出野餐也不错。

面包材料：

高筋面粉 200 克，干酵母粉 3 克，细砂糖 25 克，盐 2 克，牛奶 130 克，无盐黄油 20 克。

表面装饰：

蛋白液 1 个，细砂糖 2 大匙。

烘焙：

烤箱中下层，180℃，上下火，约 15 分钟。

做法：

1. 将面包材料中除黄油外的所有材料放到厨师机中，揉至面团光滑，再加入黄油。

2. 面团揉至可拉出薄膜，即完全扩展阶段。

3. 基础发酵至 2 倍大。

4. 取出面团排气，滚圆，静置 15 分钟。

5. 将面团擀成厚度约 0.5 厘米的长方形面片，切成约 2 厘米宽的小条。

6. 拧成麻花状。

7. 放入烤盘中，放入 38℃ 的烤箱，再放入一杯热水，以保持湿度，最后发酵至 2 倍大。

8. 发酵好之后，表面刷蛋白液，撒上细砂糖。烤箱预热至 180℃，中下层，上下火，烘烤 15 分钟左右。

烘焙小语

糖霜面包棒上的糖霜很容易受潮变湿，一次不要做太多，现烤现吃最美味。如果做多了，要密封保存。

樱桃佛卡夏

佛卡夏是一款原产自意大利的扁面包，它有着非常松软的组织和酥脆的外皮。面包表面通常会撒上香草，或者其他食材，与比萨有些类似。发酵和烘焙的过程中，面饼始终浸在香料橄榄油里，把各种香味吸得饱饱的。

面包材料：

高筋面粉350克，橄榄油35克，细砂糖10克，盐3克，干酵母粉5克，水210克。

表面装饰：

樱桃200克，橄榄油30克，干罗勒适量。

烘焙：

烤箱中层，180℃，上下火，约20分钟。

烘焙小语

1. 用好的橄榄油是关键，表面也要抹足量的橄榄油，才能体现正宗的意大利风味。不要担心油太多，最后面团会将油吸收完的。如果油太少，表面会变硬，影响口感。
2. 表面放黑水橄榄是最常见的，还可以在表面放上马苏里拉奶酪、火腿等。

做法：

1 将表面装饰中的樱桃洗净，切成两半，去核。

2 将所有面包材料放进面包机的搅拌桶内，开启揉面功能，揉至面团稍有筋度的扩展阶段。

3 按下发酵键，将面团发酵至2倍大。

4 取出面团，用双手轻压面团，让里面的大气泡排出，静置10分钟。

5 直接按压成想要的形状。

6 将面饼表面刷些橄榄油。

7 在面饼上均匀地剪些小口。

8 然后在小口里面码入樱桃。

9 最后撒些干罗勒，放入38℃的烤箱，再放入一杯热水，以保持湿度，二次发酵至2倍大。预热烤箱至180℃，中层，上下火，烘烤20分钟左右。

五色果仁面包

五色果仁面包里外夹着五色果仁,腰果、核桃、榛子仁等混合的香味,在口中慢慢咀嚼,越嚼越香,越品越醇,面包的香味更加浓厚,质感更加丰富。

面包材料：

高筋面粉 270 克，鸡蛋 1 个，细砂糖 40 克，盐 4 克，干酵母粉 4 克，牛奶 105 克，无盐黄油 40 克。

馅料：

熟黑芝麻 5 克，熟腰果 8 克，熟瓜子仁 8 克，熟榛子仁 8 克，熟核桃仁 8 克。

烘焙：

烤箱中层，180℃，上下火，约 18 分钟。

做法：

1 将馅料中的五色果仁切碎。

2 将面包材料中的牛奶、鸡蛋、细砂糖、盐先在面包桶里混匀，再倒入高筋面粉、干酵母粉，揉至光滑。加入黄油，继续搅拌至完全扩展阶段，即可以拉出大片的薄膜。

3 在面包机里进行基础发酵，发酵至 2 倍大。

4 排气，滚圆后静置 15 分钟。

5 将面团分割成 6 份。

6 取一份擀开，撒上五色果仁碎。

烘焙小语

五色果仁若是生的，可放入烤箱烤熟再用。

7 卷起。

8 用刀从中间切开。

9 都做好后，放入模具中。

10 放入 38℃的烤箱，最后发酵至 2 倍大，发酵好后刷全蛋液（另备）。预热烤箱至 180℃，中层，上下火，烤 18 分钟左右。

爆浆蓝莓比萨

爆浆蓝莓比萨,一口咬下去,蓝莓的清香、奶酪的醇厚香味充盈整个口腔,给你随心所欲的味蕾之旅,幸福感爆棚。

饼皮材料：

高筋面粉50克，低筋面粉50克，细砂糖10克，盐1克，干酵母粉2克，水55克，橄榄油5克。

比萨馅料：

马苏里拉奶酪150克，蓝莓150克，小番茄3个，自制比萨酱10克（做法见第147页）。

烘焙：

烤箱中层，200℃，上下火，约25分钟。

做法：

1 将饼皮材料中除橄榄油以外的所有材料倒入盆中，用筷子搅拌成松散状态。加入橄榄油，继续用手揉至具有延展性的面团，收圆进行发酵。

2 面团发酵至2倍大后，取出揉均匀，静置10分钟。

3 将比萨馅料中的马苏里拉奶酪撕成丝。

4 蓝莓洗净，小番茄切片。

5 面团擀成大圆片。铺入比萨盘内，然后底部用叉子均匀地叉上孔。

6 涂抹上自制比萨酱，均匀地铺上1/3的奶酪丝。

7 撒上蓝莓，放上小番茄片。

8 然后再铺剩下的奶酪丝，装饰上番茄片。烤箱预热至200℃，中层，上下火，烤20分钟左右。

> **烘焙小语**
>
> 用叉子在面饼上叉上孔，可防止在烘焙过程中底部受热鼓胀。

特别奉献　自制比萨酱

材料：

洋葱 40 克，番茄 150 克，蒜瓣 4 瓣，橄榄油 15 毫升，番茄沙司 50 毫升，意大利混合香料 3 克，盐 3 克，细砂糖 5 克，黑胡椒碎 1 克。

做法：

1. 番茄、洋葱去皮，洗净，切成末；蒜去皮，剁成蓉。
2. 将番茄末、洋葱末放入料理机中打成泥。
3. 锅中加入橄榄油，加入蒜蓉炒出香味。

4. 加入番茄泥、洋葱泥，翻炒匀。
5. 待汤汁浓稠后，调入番茄沙司、盐、细砂糖，翻炒均匀。
6. 加入意大利混合香料炒匀。

7. 最后加入黑胡椒碎调味。关火盛出，放置一旁备用。

厨房小语

意大利混合香料，一般大超市进口食品区有售，现在挺好买的。有单独的某一种香草碎，还有几种混合在一起的。

夏威夷比萨

夏威夷比萨,菠萝、火腿和奶酪是必需的配料。肉香满满的火腿配上酸甜可口的菠萝,融入浓浓醇香的奶酪,清爽不腻尽在口中。

饼皮材料：

高筋面粉 150 克，干酵母粉 2 克，盐 2 克，橄榄油 10 克，温水 90 克，细砂糖 5 克。

比萨馅料：

菠萝肉 60 克，火腿 30 克，青椒 15 克，小番茄 3 个，马苏里拉奶酪 150 克，比萨酱适量。

烘焙：

烤箱中层，200℃，上下火，约 25 分钟。

做法：

1 盆中放入所有饼皮材料，揉成面团，揉到面团表面光滑有弹性。

2 将面盆盖上湿布或者保鲜膜，放至温暖处发酵至 2 倍大。

3 将比萨馅料中的火腿切片，菠萝切片，青椒切粒，小番茄切片。

4 马苏里拉奶酪切成丝。

5 取出发酵好的面团排气，静置 10 分钟，擀成和比萨盘一样大小的面饼，放入比萨盘中，在表面用叉子扎些小孔。

6 饼皮表面均匀地涂抹些比萨酱，撒一层马苏里拉奶酪丝。

7 摆上菠萝片和火腿片。

8 撒上剩余的马苏里拉奶酪丝。

9 撒上青椒粒，点缀小番茄片。预热烤箱至 200℃，中层，上下火，烤 25 分钟左右，表面微黄即可。

烘焙小语

烤制时间根据自家烤箱做适当调整。

迷你小比萨

时下最流行的迷你比萨,制作非常简单,而且大小朋友都喜欢。对那些不爱吃蔬菜的小朋友来说,更是一个不错的营养早餐选择。

饼皮材料：

高筋面粉50克，低筋面粉50克，牛奶50克，盐2克，橄榄油10克，干酵母粉2克。

比萨馅料：

马苏里拉奶酪150克，火腿肠1根，烟熏三文鱼片6片，洋葱30克，青椒30克，小番茄3个，比萨酱适量。

烘焙：

烤箱中层，190℃，上下火，约25分钟。

做法：

1. 将饼皮材料放入盆中，揉成光滑的面团。
2. 面团醒发至1.5倍大。
3. 将比萨馅料中的火腿肠、小番茄切片，洋葱、青椒切圈。

4. 马苏里拉奶酪刨丝。
5. 面团分成3份，擀成饼，放到烤盘中。
6. 面饼上扎孔，抹上比萨酱，撒上一半的马苏里拉奶酪丝。

7. 放上洋葱圈和烟熏三文鱼片。
8. 再撒上另一半马苏里拉奶酪丝，上面放青椒圈、火腿肠片、小番茄片。预热烤箱至190℃，中层，上下火，烤25分钟左右。

烘焙小语

烟熏三文鱼是一种腌制鱼片，有咸味，不用再腌制了。

第三章 面包、比萨

薄底鲜虾比萨

松软的比萨底自然是好吃,比较符合中国人口味,而真正传统的意大利比萨,一定要拥有薄脆的饼底,饼底脆而不焦。鲜香的馅料中带点番茄的酸和奶酪的醇。

饼皮材料：

高筋面粉 100 克，酵母 2 克，鸡蛋 1 个，温水 40 克，盐 1 克，细砂糖 2 克，无盐黄油 10 克。

比萨馅料：

青椒 10 克，洋葱 10 克，熟玉米粒 15 克，小番茄 4 个，马苏里拉奶酪 150 克，鲜虾 6 只，比萨酱适量。

烘焙：

烤箱中层，190℃，上下火，约 25 分钟。

做法：

1. 将饼皮材料中的高筋面粉放入厨师机中，将用少许温水化开的酵母倒入面粉中，再一点点倒入余下的温水，加入盐、细砂糖、鸡蛋，和成光滑的面团，再加入黄油揉匀。

2. 将面团放在温暖处，发酵约 2 倍大。

3. 洋葱、青椒切丝，小番茄切片。

4. 马苏里拉奶酪切丝备用。

5. 鲜虾去皮。

6. 将发好的面团揉匀，面团擀成薄饼，放入烤盘中，用叉子在饼上扎出小洞，防止面饼烤时膨胀。

7. 比萨酱均匀地涂在饼皮上，在面饼上依次撒上一半的马苏里拉奶酪丝。

8. 放入洋葱丝、青椒丝、熟玉米粒。

9. 再撒另一半马苏里拉奶酪丝。

10. 上面放上鲜虾和小番茄片。烤箱预热至 190℃，中层，上下火，烤 25 分钟即可。

烘焙小语

蔬菜不要放得过多，避免烤完出水。

田园风光比萨

田园风光比萨是一款厚底比萨,饼身柔软却依旧保持了饼皮特有的韧性。饼边经过烘烤后微焦,香脆可口。

饼皮材料：

高筋面粉100克，酵母2克，温水40克，盐1克，细砂糖2克，无盐黄油10克。

比萨馅料：

培根2片，火腿肠1根，青椒10克，洋葱10克，熟玉米粒15克，香菇2个，胡萝卜15克，马苏里拉奶酪丝150克，比萨酱适量，黑胡椒碎少许。

烘焙：

烤箱中层，200℃，上下火，约25分钟。

做法：

1 将饼皮材料中的酵母放入少许温水中化开，倒入高筋面粉中，用筷子搅拌均匀，再一点点倒入余下的温水，加入盐、细砂糖，和成光滑的面团，再加入黄油揉匀。

2 面团放在温暖处发酵至2倍大。

3 火腿肠、香菇切片，洋葱、青椒切丝，胡萝卜切粒。

4 将发好的面团揉匀，面团擀成薄饼放入比萨盘中，用叉子在饼上扎出小洞，防止饼皮烤时膨胀。

5 比萨酱用刷子刷到饼皮上，撒上一层马苏里拉奶酪丝。

6 放入培根片，撒黑胡椒碎。

烘焙小语

培根、蔬菜等材料可用厨房用纸巾吸一下水，蔬菜不要放得过多，避免烤完出水。

7 再放入胡萝卜粒、熟玉米粒、洋葱丝、香菇片、青椒丝。

8 撒上剩余的马苏里拉奶酪丝。

9 点缀上火腿片。烤箱预热至200℃，中层，上下火，烤25分钟左右。

第四章
泡芙、挞、派
10款

泡芙、挞、派

泡芙、挞、派烘焙入门知识

1 烤好基础泡芙的几个关键点

关键之一： 怎么能让泡芙最好地膨胀起来？

在制作过程中，首先一定要将面粉烫熟，烫熟的淀粉发生糊化作用，能吸收更多的水分。在烘烤的时候，面团里的水分成为水蒸气，将面皮撑开来，形成一个个鼓鼓的泡芙。因此，充足的水分是泡芙膨胀的原动力。

关键之二： 怎样的干湿程度最好？

泡芙面糊的干湿程度也直接影响了泡芙的成败。面糊太湿，泡芙不容易烤干，表皮不酥脆，容易塌陷；面糊太干，泡芙膨胀性减小，膨胀体积不大，内部空洞小。用木勺或者筷子挑起面糊，面糊呈倒三角形，尖端离底部4厘米左右，并且能保持形状不会低落，泡芙面团就达到了完好的干湿程度。

关键之三： 如何掌握正确的烤制温度和时间？

温度与时间也非常关键。一开始用210℃的高温烤焙，使泡芙内部的水蒸气迅速散发出来，让泡芙面团膨胀。待膨胀定形以后，改用180℃，将泡芙的水分烤干，烤至表面黄褐色，泡芙出炉后才不会塌下去。烤制过程中，一定不能打开烤箱，因为膨胀中的泡芙如果温度骤降，会塌下去。

2 制作泡芙的其他几个小问题

1. 泡芙到底应该用高筋面粉还是低筋面粉来做？

高筋、低筋、中筋面粉都可以制作泡芙。但是低筋面粉的淀粉含量高，理论上糊化后吸水量大，膨胀的动力更强，在同等条件下做出的泡芙膨胀得会更大。当然，有时候这种差别不是那么容易感觉出来的。

2. 用黄油或者用色拉油对泡芙的成品有影响吗？

当然有影响。使用色拉油制作的泡芙外皮更薄，但也更容易变得柔软。使用黄油制作的泡芙外皮更加坚挺、更加完整，形状更好看，同时味道也更香。

3. 泡芙里的鸡蛋起什么作用？

鸡蛋对泡芙的品质有很大的影响。配方里鸡蛋越多，泡芙的外形会越坚挺，口感越香酥。如果减少鸡蛋用量，为了保证泡芙面糊的干湿度，就必须增加水分用量，这样的泡芙外皮较软，容易塌陷。同时，不同的面粉的吸水性不一致，因此也影响到鸡蛋的使用量。相同分量的鸡蛋，到了每个人那里，制作出来的面糊干湿程度可能是不一样的，因此必须酌情添加，使面糊达到最佳干湿程度。

3 挞和派有什么区别

很多新接触烘焙的朋友，都会问这个问题：挞和派的区别在哪？其实，挞和派是一对西点中的孪生兄弟。

挞和派的种类繁多，是蛋糕以外另一大类甜点，而且造型各异、口味众多，挞和派的皮都可以使用同样的面团，很多派都有"盖"，而挞是敞开的。从外观形状上来说，挞比较小，皮硬一些，口感酥脆，馅料比派的少，挞皮烤好后装入糊状的奶油馅，多是以水果装饰，不需要再经过烤制就可以直接食用。而派皮是酥松柔软的，先烤制派皮，放入馅料后需要二次烘烤。

抹茶卡仕达泡芙

抹茶卡仕达泡芙酥脆的外皮，配上抹茶卡仕达夹心，抹茶的淡淡香味，味道很浓郁，凭添了几分丰富的口感。

泡芙皮材料：

低筋面粉60克，无盐黄油45克，牛奶90克，盐1克，全蛋液2个。

泡芙馅材料：

蛋黄2个，抹茶粉3克，低筋面粉12克，牛奶166克，细砂糖23克，无盐黄油30克，动物淡奶油80克，糖粉8克。

烘焙

烤箱中层，上下火，210℃烘烤10~15分钟，定形后转180℃，烤20~25分钟。

做法：

1 将泡芙皮材料中的牛奶、盐、软化的黄油放入锅中，煮至完全沸腾的状态，关火。

2 筛入低筋面粉。

3 搅拌成面团，再次开火，中火，不断搅拌，直到锅底出现面糊薄膜后关火。

4 取出面团放入搅拌盆中，降温至热而不烫手的温度，约65℃，分4次倒入全蛋液。

5 每次拌匀后再加入下一次蛋液。拌好的面糊有光泽、细滑，当捞起和滴落呈倒三角的形状即可。

6 将面糊装入裱花袋中。

7 烤盘里铺油纸，挤4厘米直径的泡芙面糊，如果发现圆形上部不太平整，可以用小勺沾些水按一下，让面糊平整。烤箱预热至210℃，上下火，中层，烘烤10~15分钟，膨胀定形后，转180℃，烤20~25分钟。

8. 将泡芙馅材料中的淡奶油加入糖粉,打至八成纹路不会消失。

9. 蛋黄加细砂糖打散,加入过筛2遍的低筋面粉,搅拌均匀。

10. 牛奶、抹茶粉放入奶锅中搅拌均匀。

11. 将抹茶牛奶,加热到微开。

12. 将抹茶牛奶倒入搅好的蛋糕中,边倒边用蛋抽搅拌。

13. 搅拌均匀后重新倒入奶锅。

14. 小火加热至黏稠,放入黄油搅拌均匀成抹茶蛋奶糊。

15. 抹茶蛋奶糊凉凉后倒入打发好的淡奶油中。

16. 搅拌至细腻,装入裱花袋中,挤在泡芙中即可。

烘焙小语

1. 烤泡芙的温度要适宜,太高会提早成熟,太低了不利于膨胀。烤时不要开烤箱盖,否则影响泡芙膨胀。

2. 不要用不粘锅,会看不到锅底出现面糊薄膜。

基础奶油泡芙

奶油泡芙是一种源自意大利、经久不衰的西式甜点,蓬松张孔的酥脆泡芙皮中包裹着奶油,吃起来外热内冷,外酥内滑,口感极佳。

泡芙皮材料：

低筋面粉100克，水160克，细砂糖10克，盐2克，无盐黄油80克，鸡蛋3个。

泡芙馅材料：

动物淡奶油100克，糖粉10克。

烘焙：

烤箱中层，210℃，上下火，烘烤10~15分钟，膨胀定形后转180℃，烤20~25分钟。

做法：

1. 将泡芙皮材料中的水、盐、细砂糖、黄油一起放入锅里，用中火加热并稍稍搅拌，使油脂分布均匀。

2. 煮至沸腾时，一次性倒入低筋面粉。

3. 转小火，快速搅拌。一直搅拌到面粉全部和水分融合在一起，锅底有一层面糊薄膜，关火。

4. 鸡蛋打散。等面糊冷却到不太烫手，温度约在60℃的时候，加入鸡蛋。先加入少量鸡蛋，完全搅拌到面糊把鸡蛋都吸收以后，再加下一次。

5. 挑起面糊，面糊呈倒三角形状，尖角到底部4厘米左右，并且不会滑落，不用再继续加入鸡蛋。

6. 将面糊装入裱花袋中。

7. 烤盘铺油纸，挤4厘米直径的泡芙面糊，如果发现圆形上部不太平整，可以用小勺沾些水按一下，让面糊平整。烤箱预热至210℃，上下火，中层，烘烤10~15分钟，膨胀定形后转180℃，烤20~25分钟。

8. 将泡芙馅材料中的淡奶油放入盆中，加入糖粉，打发至八成纹路不会消失。

9. 装入裱花袋里，挤入泡芙中即可。

烘焙小语

1. 一定要烤到位，否则泡芙出炉后会塌陷。烤的中途切记不要打开烤箱门。
2. 配方里的鸡蛋不一定全部加入，加入鸡蛋以后，面糊会变得更湿润细滑。

巧克力脆皮泡芙

巧克力酥皮材料：

无盐黄油 38 克，细砂糖 40 克，低筋面粉 45 克，可可粉 5 克。

泡芙皮材料：

牛奶 100 克，无盐黄油 45 克，细砂糖 2 克，盐 1 克，低筋面粉 55 克，可可粉 5 克，全蛋液 95 克。

泡芙馅材料：

百香果冰激凌 200 克。

烘焙：

烤箱中层，210℃，上下火，烘烤 10~15 分钟，膨胀定形后转 180℃，烤 20~25 分钟。

巧克力脆皮泡芙，用的是冰激凌馅，冰激凌的柔滑与泡芙的香脆交替触动味蕾，特别是冰激凌馅的冰爽，如凉风迎面，清新自然。

烘焙小语

1. 一定要烤透，否则泡芙出炉后会塌陷。烤的中途切记不要打开烤箱门。
2. 配方里的鸡蛋不一定需要全部加入，加入鸡蛋以后，面糊会变得更湿润细滑。

做法：

1. 将酥皮材料中的黄油室温软化，加入细砂糖，打发至蓬松发白。

2. 低筋面粉、可可粉混合筛入黄油中。

3. 混合成面团。

4. 将面团放在保鲜袋中，擀成2~3毫米的薄片，放冰箱冷藏备用。

5. 将泡芙皮材料中的牛奶、盐、细砂糖、黄油一起放入锅里。

6. 用中火加热并稍稍搅拌，使油脂分布均匀。当煮至沸腾的时候转小火，一次性倒入低筋面粉和可可粉，快速搅拌。

7. 一直搅拌到面粉全部和水分融合在一起，锅底有一层面糊薄膜，关火。

8. 等面糊冷却到不太烫手，温度约在60℃的时候，加入全蛋液，先加入少量，完全搅拌到面糊把蛋液都吸收以后，再加下一次。

9. 挑起面糊，面糊呈倒三角形状，尖角到底部约4厘米，并且不会滑落，不用再继续加入蛋液。

10. 将面糊装入裱花袋中，烤盘里铺油纸，挤4厘米直径的泡芙面糊。

11. 将事先做好的酥皮用圆形模具压出圆片。

12. 盖在挤好的泡芙糊上面。烤箱预热至210℃，上下火，中层，烘烤10~15分钟，膨胀定形后转180℃，烤20~25分钟。出炉后凉凉，挤入冰激凌即可。

第四章 泡芙、挞、派

酸奶芝士泡芙

用裱花嘴挤的泡芙,内部空洞很大,可以盛装很多酸奶馅,由于酸奶馅里加了奶油奶酪,口感丰富有层次,吃起来非常美妙。

泡芙皮材料：

低筋面粉60克，无盐黄油45克，牛奶90克，盐1克，全蛋液2个。

泡芙馅材料：

原味酸奶234克，糖粉20克，奶油奶酪24克，卡士达粉40克，无盐黄油80克。

烘焙：

烤箱中层，上下火，210℃烘烤10~15分钟，定形后转180℃，烤20~25分钟。

做法：

1. 将泡芙皮材料中的牛奶、盐、软化的黄油放入锅中，煮至完全沸腾状态后关火，筛入低筋面粉。

2. 搅拌成面团，再次开火，中火，不断搅拌，直到锅底出现面糊薄膜后关火。

3. 将面团放入搅拌盆中，降温到热而不烫手的温度，约65℃，分4次倒入全蛋液。

4. 每一次拌匀后再加入下一次蛋液。拌好的面糊有光泽、细滑，当捞起和滴落时呈现倒三角形即可。

5. 将面糊装入裱花袋中，用10齿裱花嘴。

6. 烤盘里铺油纸，挤4厘米直径的泡芙面糊。烤箱预热至210℃，上下火，中层，烘烤10~15分钟，膨胀定形后转180℃，烤20~25分钟。

第四章 泡芙、挞、派

7 将泡芙馅材料中的糖粉和黄油打发至蓬松。

8 加入奶油奶酪，搅至无颗粒。

9 再加入原味酸奶和卡士达粉。

10 拌匀制成酸奶馅。

11 将酸奶馅装入裱花袋中。

12 将泡芙切开。

烘焙小语

卡仕达粉也叫吉士粉，是一种香料粉，具有浓郁的奶香味和果香味。

13 将馅挤到泡芙中即可。

巧克力奶酪派

巧克力奶酪派,浓郁的巧克力味派皮,搭配香滑的乳酪夹心,黑白配,经典简约,每一口都是回味的享受。

派皮材料：

低筋面粉 125 克，鸡蛋 1 个，可可粉 22 克，盐 2 克，无盐黄油 88 克，细砂糖 105 克，植物油 28 克，泡打粉 6 克，牛奶 60 克，原味酸奶 60 克，巧克力 35 克。

派馅材料：

奶油奶酪 140 克，动物淡奶油 60 克，糖粉 30 克，香草精 3 滴，柠檬汁数滴。

烘焙：

烤箱中层，190℃，上下火，约 13 分钟。

做法：

1 将派皮材料中的黄油室温软化，加入一半的细砂糖，搅拌均匀。

2 鸡蛋中加入剩余的细砂糖，打散。

3 将蛋液加入黄油中搅拌均匀。

4 植物油加入鸡蛋黄油混合液中，搅拌均匀。

5 巧克力隔热水化开。

6 黄油蛋液中加入化开的巧克力，继续搅拌均匀。

7 加入一半过筛的低筋面粉、泡打粉、可可粉、盐，用刮刀切拌均匀。

8 加入一半牛奶和酸奶的混合液体，用刮刀切拌均匀。

9 加入另一半过筛的低筋面粉、泡打粉、可可粉、盐，用刮刀切拌均匀。

10. 加入另一半牛奶和酸奶的混合液体。

11. 用刮刀切拌均匀，至面糊光滑细腻、无干粉颗粒。

12. 装入裱花袋，用圆形裱花嘴，花嘴垂直距离烤盘1厘米高度挤出，摊开的面糊直径和厚度尽量保持一致（用马卡龙硅胶垫最好）。

13. 如果发现圆形上部不太平整，可以用小勺沾些水按一下，让面糊平整。预热烤箱至190℃，中层，上下火，烤13分钟左右，出炉立即放在晾网上凉凉。

烘焙小语

面糊直径和厚度尽量一样大小，用马卡龙硅胶垫最好，可成熟一致。

14. 将派馅材料中的淡奶油放入盆中，加入糖粉，打发至不可流动，加入软化的奶油奶酪。

15. 打至蓬松顺滑，加少许柠檬汁和香草精搅拌均匀即可。

16. 用裱花嘴将夹馅挤好，两片派夹起派馅，即可食用。

第四章 泡芙、挞、派

玫瑰苹果奶酪派

苹果与派皮入口之后,酥酥脆脆的外层,内里是软糯的奶酪馅,有着超浓的奶香气。

派皮材料：

低筋面粉 140 克，糖粉 40 克，无盐黄油 60 克，鸡蛋 1 个。

派馅材料：

奶油奶酪 100 克，细砂糖 20 克，蛋黄 1 个。

表面装饰：

水 200 克，细砂糖 30 克，苹果 1 个。

烘焙：

烤箱中层，170℃，上下火，约 20 分钟。

做法：

1 将派馅材料中的奶油奶酪放入碗中，隔水加热搅拌至顺滑。

2 蛋黄加入顺滑的奶酪糊中搅拌均匀。

3 再加入细砂糖搅拌成顺滑的奶酪蛋黄糊，至没有颗粒感（如果室温太低，碗下面加热水比较容易搅拌均匀）。

4 将派皮材料中的低筋面粉、黄油、糖粉放入大碗中。

5 用手搓成粗粒，再加入鸡蛋搅拌。

6 揉成湿润的面团（如果加了鸡蛋面团很干，还可以适当加入一小匙清水和面粉），放入冰箱冷藏 1 小时。

7 面板上撒少许低筋面粉（另备），将面团揉匀，擀成薄皮，放入派盘整形。

8 整形好，并用叉子扎上小孔。

第四章 泡芙、挞、派

9 将装饰中的苹果对半切开，然后再从中间一分为二后切片，千万别切太厚。锅中加水和细砂糖，放入苹果片，苹果片一软就可以取出。

10 将做派皮时余下的边角面皮切成若干长30厘米、宽2厘米的长条。

11 切好后把煮好的苹果片交叠码放好，一根面条上可以放5~6片苹果。

12 然后从一端把苹果条卷起来。

13 封口处捏紧，就是玫瑰苹果花。

14 将做好的奶酪蛋黄糊倒入派皮上。

15 将苹果花放到派盘里。预热烤箱至170℃，中层，上下火，约烤20分钟。

烘焙小语

苹果片要往上放，留出下面的边，这样卷出来的花形会更美。

巧克力樱桃派

新鲜的樱桃,这种明红颜色略深的水果与巧克力酥皮很搭,浓香巧克力所带来的甜腻,搭配清新的樱桃,更提升了美味的口感。

派皮材料：

低筋面粉 140 克，可可粉 20 克，无盐黄油 80 克，细砂糖 25 克，蛋黄 15 克，冷水 38 克，盐 1 克。

派馅材料：

大樱桃 20 个，榛子仁 10 克，奶油奶酪 140 克，鸡蛋 1 个，糖粉 25 克，巧克力酱 80 克，香草精 3 滴。

烘焙：

烤箱中层，180℃/180℃，上下火，约 15 分钟。

做法：

1. 将派皮材料中的黄油切成小块，软化。

2. 细砂糖、盐、可可粉和低筋面粉混合放入碗中。

3. 用手不断按压、揉搓，使黄油和面粉完全混合，成粗玉米粉状。

4. 蛋黄、冷水混合搅拌均匀后，倒入面粉黄油里，搓成湿润的面团。用保鲜袋装好，放入冰箱冷藏 1 小时以上。

5. 将面团在保鲜袋之间擀开成面片，移去保鲜袋，将面团放入派盘。

6. 将边缘多余的派皮除去。

7. 用叉子在派皮表面扎一些小孔（这步很重要）。放进预热至 190℃的烤箱，中层，上下火，烤 15 分钟左右，烤好后静置放凉（不要烤过了，巧克力颜色深，很难分辨）。

8 将派馅材料中的奶油奶酪软化,加糖粉打至顺滑无颗粒。

9 鸡蛋打散,倒入奶油奶酪中,搅打均匀。

10 加入巧克力酱、香草精拌匀。

烘焙小语

樱桃很甜,没加糖腌。也可去核后,加糖腌制,沥干水分再用。

11 将调好的巧克力馅倒入烤好的派皮中。

12 放上洗净的樱桃。

13 榛子仁压碎,撒在上面。烤箱预热至180℃,中层,上下火,烤15分钟左右。

芝士杏仁派

芝士，cheese，即奶酪，如果你也大爱芝士，不妨试试这款芝士杏仁派，必定能让你欲罢不能，味道淡淡的奶香加杏仁，让每一口都散发着浓得化不开的坚果香气。

派皮材料：

低筋面粉 50 克，糖粉 10 克，无盐黄油 25 克，蛋黄 10 克，杏仁粉 15 克。

派馅材料：

A（奶酪馅）：奶油奶酪 100 克，无盐黄油 15 克，细砂糖 45 克，全蛋液 50 克，牛奶 15 克。
B（蜂蜜杏仁片）：蜂蜜 10 克，大杏仁片 15 克。

烘焙：

烤箱中层，180℃，上下火，烤 15~20 分钟。将蜂蜜杏仁片平铺在奶酪馅的表面，再烤 10 分钟左右。

做法：

1. 将派皮材料中的低筋面粉、杏仁粉与糖粉混合均匀。黄油室温软化，放在低筋面粉中，用手搓成细颗粒。

2. 加入蛋黄揉匀。

3. 直接铺在烤盘上。

4. B 料混匀，用小火稍微加热，拌炒均匀即可（或者放入微波炉高火加热 1 分钟）。

5. A 料中的奶油奶酪、黄油及细砂糖用打蛋器搅拌均匀。

6. 再加入全蛋液、牛奶，拌成均匀的奶酪糊。

烘焙小语

烤制时间依自家的烤箱而定。

7. 将奶酪糊倒在派皮上并抹平表面。

8. 烤箱预热至 180℃，放入中层，上下火，烤 15~20 分钟。再将蜂蜜杏仁片平铺在奶酪馅的表面，接着烤 10 分钟左右，表面金黄即可。

第四章 泡芙、挞、派

花漾水果挞

酥松浓郁的挞底，加上缤纷美味的水果，有一种特别的清新。可随意变换搭配各种水果，能给人视觉与味蕾的双重享受。

（直径 8 厘米的挞模 12 个）

挞皮材料：

低筋面粉 210 克，盐 1 克，细砂糖 55 克，无盐黄油 130 克，蛋黄 1 个，水 10 克，香草精 3 滴。

挞馅材料：

中型芒果 2 个，动物淡奶油 100 克，细砂糖 10 克。

烘焙：

烤箱中层，180℃，上下火，约 15 分钟。

做法：

1. 将挞皮材料中的蛋黄、水、香草精混合，搅拌均匀。

2. 黄油室温软化，与细砂糖和低筋面粉一起放入盆中。

3. 用手将黄油和面粉不断搓揉，将黄油、面粉、糖充分搓散混合，成粗玉米粉状。

4. 加入蛋黄混合液。

5. 将混合好的材料略混合揉捏使其成团。

6. 将面团装在保鲜袋内擀成片状，冷藏静置 1 小时以上，即为挞皮面团。

7. 取出挞皮面团，擀成 0.4 厘米厚的大片。

8. 将片状挞皮覆在挞模上，将底面压紧与挞模内底贴合。

9. 用叉子在底部扎满小孔。烤箱预热至 180℃，中层，上下火，烤约 15 分钟。

10. 挞馅材料中的淡奶油加细砂糖打发至能保持清晰纹路的状态。

11. 挞皮出炉凉凉，挤上淡奶油。

12. 芒果去皮，削片，卷成花状，装饰在挞上即可。

烘焙小语

1. 水果可按自己的喜好搭配装饰。

2. 挞皮面团静置至少 1 小时。剩下的面团用保鲜膜包好，可冷冻 1 星期，冷藏 3~4 天。

第四章　泡芙、挞、派

百香果凝酱挞

百香果凝酱挞,挞皮由于只含有很少的水分,所以很酥,又透着百香果清香的味道,口感出奇的好。这里用到的挞皮也是一款基础挞皮,可做核桃、奶酪和水果挞的挞底,也可做苹果、菠萝等水果派。

（直径8厘米的挞模12个）

挞皮材料：

低筋面粉210克，盐1克，细砂糖55克，无盐黄油130克，蛋黄1个，水10克，香草精几滴。

挞馅材料：

百香果凝酱150克，动物淡奶油100克，细砂糖10克。

烘焙：

烤箱中层，180℃，上下火，约15分钟。

做法：

1 将挞皮材料中的蛋黄、水、香草精混合，搅拌均匀。

2 黄油室温软化，与细砂糖、低筋面粉、盐一起放入盆中。

3 用手将黄油和面粉不断搓揉，将黄油、面粉、糖充分搓散混合，成粗玉米状。

4 加入蛋黄混合液。

5 将混合好的材料略混合揉捏使其成团。

6 将面团装在保鲜袋内擀成片状，冷藏静置1小时以上，即为挞皮面团。

烘焙小语

1. 百香果凝酱的做法见第250页。
2. 挞皮面团静置至少1小时。剩下的面团用保鲜膜包好，可冷冻1星期，冷藏3~4天。

7 取出挞皮面团，擀成0.4厘米厚的大片。

8 将片状挞皮覆在挞模上，将底面压紧与挞模内底贴合。

9 用叉子在底部扎满小孔。烤箱预热至180℃，中层，上下火，烤约15分钟。

10 将挞馅材料中的淡奶油加细砂糖打发至能保持纹路的状态，即成奶油馅。

11 挞皮出炉凉凉后，挤上百香果凝酱。

12 装饰上奶油馅。

第四章 泡芙、挞、派

第五章
慕斯、布丁

11 款

慕斯、布丁

慕斯、布丁烘焙入门知识

1 慕斯、布丁、果冻的区别

慕斯的英文是 mousse，是一种奶冻式的甜点，可以直接吃或做蛋糕夹层，通常是加入奶油与凝固剂制成浓稠冻状的甜品。

布丁是一种半凝固状的冷冻甜品，主要材料为鸡蛋和奶黄（泛指鸡蛋与牛奶混合后加热而凝固成的食品），类似果冻。

果冻由食用明胶加水、糖、果汁制成。布丁是果冻的一种，但与果冻又有所区别，最根本的区别在于原料，最容易区分的是看外形，布丁是不透明的，而果冻是透明的。

2 吉利丁和琼脂的区别

做慕斯、免烤芝士蛋糕、免烤布丁等甜点的时候，吉利丁是个再熟悉不过的食材，它主要用来使甜点凝固。而有些甜点又会用到另一款凝固剂：琼脂。

吉利丁和琼脂都是凝固剂，它们都有什么区别？能互相代替吗？

吉利丁，又叫鱼胶或明胶。它是由动物的骨头提炼出来的一种胶质，因此，吉利丁不算素食品。吉利丁制作的甜点，需要冷藏保存以防化。

琼脂，是以海藻为原料制成的凝固剂，因此，琼脂是素食品。琼脂比吉利丁难熔，需要加入沸水并熬煮几分钟才能完全化在水里，一旦温度低于 40℃，就会立刻凝固。

琼脂的口感比吉利丁要硬，常用来制作羊羹、凉糕等糕点。由此看来，吉利丁和琼脂不可以互相代替。

3 吉利丁需要注意的几个使用方法

吉利丁分为片状和粉状两种。片状的叫吉利丁片或鱼胶片，粉状的叫吉利丁粉或鱼胶粉。虽然状态不同，是同一种东西，用法也差不多。

吉利丁粉和吉利丁片可以互相替代使用，5克吉利丁片凝固力与5克吉利丁粉相同。吉利丁粉或吉利丁片都需要用冷水先浸泡片刻（不能用热水）。泡发后，再加热至化，根据配方的步骤加入其他配料里即可。

泡吉利丁粉的时候，一般用3~4倍重量的水浸泡即可。因为吉利丁粉不像吉利丁片一样泡好后可以拧去多余水分，所以水分需要一次加到位。

加热吉利丁时温度不能过高，不可超过70℃。如果将吉利丁溶液加得太热，会影响吉利丁的凝固能力。

吉利丁主要成分为蛋白质，在制作木瓜慕斯等含水果的甜点时，要把水果先煮一下。否则水果里的酶会分解蛋白质，而使吉利丁不能凝固，这类水果包括猕猴桃、木瓜等。

制作慕斯蛋糕时常见的几个小问题

1. 淡奶油及牛奶不能与果膏和水果混合？

因为果膏和水果都含有果酸。当淡奶油遇到果酸时，淡奶油容易发泡、结块并变硬，直接影响慕斯蛋糕的口感，正确方法是将果膏和水果煮成果泥，利用高温使其酸度降低，这样果泥和淡奶油混拌时就不会出现奶油发泡变硬的现象，从而使慕斯蛋糕外表光滑细腻。

2．慕斯要怎样切才会漂亮？

慕斯蛋糕内部组织不像普通蛋糕那样蓬松多孔，所以用刀直接切下去就可以了。但切这类蛋糕，最大的问题是粘刀，一刀下去，切面往往惨不忍睹。所以，先把刀放在火上烤一会儿，将刀烤热，趁热切下去，蛋糕就不会粘刀了。每切一刀，都要把刀擦拭干净，并重新烤热再切下一刀，就能很轻松地把蛋糕切成想要的形状。

提拉米苏
（硬身版）

提拉米苏（Tiramisu）是著名的意式甜点，以马斯卡彭奶酪作为主要材料，再以手指饼干取代传统甜点的海绵蛋糕，加入咖啡、可可粉等，是一种吃到嘴里香滑、甜腻、柔和中有质感的带有咖啡酒味儿的甜点。

（6寸心形模具1个）

材料：

马斯卡彭奶酪200克，动物淡奶油160克，水25克，细砂糖60克，蛋黄2个，意大利浓缩咖啡40毫升，朗姆酒15毫升，吉利丁片10克，可可粉适量，手指饼干1份（做法参见第46页）。

做法：

1 浓缩咖啡和朗姆酒混合成咖啡酒。

2 蛋黄用打蛋器打发到浓稠的状态；水、细砂糖一起倒入锅里，加热煮成糖水，直到糖水沸腾，关火。一边用打蛋器搅打，一边缓缓倒入打发好的蛋黄。

3 倒入完毕以后，继续用打蛋器搅打，打5~10分钟，此时蛋黄糊的温度应该已经降下来了，和手心温度接近（如果蛋黄糊温度还不够凉，必须要彻底冷却以后才能使用）。

4 另取一碗，装入马斯卡彭奶酪，用打蛋器搅打至顺滑。

5 马斯卡彭奶酪打好以后，和蛋黄糊混合拌匀。

6 吉利丁片掰成小片，用冷水泡软（这步可在一开始就准备好），滤干水分，隔水加热至吉利丁片化成溶液。

7 把吉利丁溶液倒入混合好的马斯卡彭奶酪糊里，拌匀。

8 动物淡奶油用打蛋器打发到软性发泡（刚刚出现纹路即可）。

9 将打好的淡奶油加入到马斯卡彭奶酪糊里，拌匀。

厨房小语

1. 如果不想自己煮意大利浓缩咖啡，可以用1/2大匙纯速溶咖啡粉对40毫升热水替代。不习惯浓咖啡的朋友，可以适当稀释。
2. 最好吃之前再撒可可粉，以防可可粉受潮。表面除了撒可可粉，还可以用糖粉撒出花纹。
3. 马斯卡彭奶酪（芝士/干酪）的英文是Mascarpone cheese，认准英文名购买就不会错。

10 手指饼干切出模具大小的2片。

11 将其中一片铺在蛋糕模底部，涮上咖啡酒。

12 并倒入一半的马斯卡彭奶酪糊。

13 再将另一片蛋糕片放入模具中，涮上咖啡酒。

14 再倒入剩下的马斯卡彭奶酪糊。把蛋糕模放进冰箱，冷藏5~6小时或者过夜。

15 等芝士糊凝固以后，脱模，表面撒上可可粉，并在周围围上手指饼干作装饰，提拉米苏就做好了。（可装饰玫瑰花瓣）

第五章　慕斯、布丁

提拉米苏(软身版)

最传统的提拉米苏是不加吉利丁的,质地很软,一般装在小巧的杯子里,用勺子吃,可以一个人慢慢品味它的精致。

材料：

马斯卡彭奶酪125克，动物淡奶油100克，牛奶25克，细砂糖40克，蛋黄1个，意大利浓缩咖啡25毫升，朗姆酒10毫升，可可粉适量，手指饼干1份。

做法：

1 将蛋黄和细砂糖放入碗中。

2 将碗放在热水里，隔水加热并不停搅打，待其温度上升到80℃，蛋黄变得较浓稠时放一边凉凉。

3 淡奶油打发至七成，不要打太硬。

4 把马斯卡彭奶酪用搅拌器打至松发。

5 蛋黄糊倒入马斯卡彭奶酪中，搅拌均匀。

6 再将淡奶油放入马斯卡彭奶酪中，搅拌均匀。

7 即成奶酪馅。

8 浓缩咖啡加朗姆酒调成咖啡酒，取一根手指饼干，在咖啡酒里快速浸泡一下。

9 铺到酒杯底部。

10 在酒杯里倒入一部分奶酪馅，在奶酪馅上再铺一层手指饼干。

11 再倒满奶酪馅，抹平整。放入冰箱冷藏4小时以上。

12 吃之前撒上可可粉即可（如果喜欢，可以用糖粉在表面做一些装饰）。

厨房小语

软身版和硬身版的主要区别：前者是加吉利丁凝固，可切块；后者不加吉利丁，质地很软，一般用杯子盛装，用勺子吃。

第五章　慕斯、布丁

水果夏洛蒂

夏洛蒂（Charlotte cake），也叫夏洛特，是非常漂亮的蛋糕，以手指饼干或蛋卷片围边作模，以蛋奶沙司或苹果作馅，表面铺满新鲜水果，给人的感觉就是华丽尊贵。

（34厘米×24厘米的烤盘1个）

蛋糕围边材料：

A：蛋黄3个，牛奶30克，色拉油30克，低筋面粉50克，玉米淀粉5克，细砂糖15克，水适量。

B：蛋白3个，细砂糖30克，柠檬汁少许。

C：可可粉适量。

（6寸方形慕斯模1个）

慕斯馅材料：

动物淡奶油150克，罐头黄桃肉150克，朗姆酒20克，细砂糖50克，吉利丁粉10克，柠檬汁5克，盐1克。

表面装饰：

动物淡奶油80克，细砂糖8克，黄桃、蓝莓各适量。

烘焙：

烤箱中层，180℃，上下火，约15分钟。

做法：

1. A料中的低筋面粉、玉米淀粉过筛3遍；蛋黄依次加水、色拉油，搅拌均匀后筛入粉类，拌匀成蛋黄糊。

2. 取两只小碗，将C料用一点点热水化开（一份多一点可可粉，一份少一点，使两个面糊颜色一深一浅），取少量蛋黄糊混入两只小碗内。

3. B料中的蛋白加柠檬汁少许，分3次加入细砂糖打至中性发泡，即为蛋白糊。

4. 分别取少量蛋白糊混入两份蛋黄可可面糊中，得到两份一深一浅的巧克力色面糊。

5. 烤盘铺锡纸，将深浅两色的面糊不规则地用小勺铺画出豹纹图案。

6. 因为制作花纹会占用一些时间，所以拌蛋糕糊之前，用打蛋器再次将蛋白糊搅打1分钟左右，分3次与蛋黄糊切拌均匀，制成蛋糕糊。

7. 将蛋糕糊小心地倒在之前画好豹纹的烤盘里，用刮板呈30度斜角小心推平，厚薄均匀。入预热至180℃的烤箱，中层，上下火，烤15分钟左右至表面上色。

烘焙小语

1. 若不是不粘烤盘，烤盘铺油布或锡纸。
2. 在拌蛋糕糊之前，将蛋白糊搅打均匀，有助于蛋白糊和蛋黄糊充分混匀。
3. 这里用的是罐头黄桃，如果用鲜黄桃，需要提前用糖腌制一下。

8 将慕斯馅材料中的吉利丁粉用冷水泡软。

9 黄桃部分切粒、部分切块。

10 吉利丁粉隔水加热至液体状。

11 吉利丁液中加入柠檬汁和盐，放至冷却。

12 淡奶油加入细砂糖，打发至不可流动，加入吉利丁液搅拌均匀。

13 加入朗姆酒。

14 加入黄桃粒拌匀，即为慕斯馅。

15 做好的蛋糕分别切出慕斯底和围边。

16 模具包上锡纸，放入蛋糕底片。

17 倒入做好的慕斯馅，抹平，放入冰箱冷藏4小时以上。

18 取出冷藏过的慕斯蛋糕，用电吹风或热毛巾在模具周围捂一下便可脱模，放上围边。

19 表面装饰中的淡奶油加细砂糖打发至有明显的花纹即可。

20 打好的淡奶油装入裱花袋中。

21 将淡奶油挤在慕斯蛋糕上，装饰上蓝莓、黄桃即可。

草莓慕斯

草莓慕斯富有鲜嫩的口感、可爱的形状、清甜的味道,诱惑不可抵挡。

（6寸活底圆模 1 个）

海绵蛋糕材料：

低筋面粉 140 克，鸡蛋 4 个，细砂糖 20 克，玉米油 30 克，牛奶 30 克，盐 1 克。

慕斯馅材料：

草莓 170 克，细砂糖 85 克，吉利丁粉 10 克，动物淡奶油 200 克。

表面装饰：

动物淡奶油 80 克，糖粉 8 克，草莓 80 克。

烘焙：

烤箱中层，180℃，上下火，约 15 分钟。

做法：

1. 将海绵蛋糕材料中的鸡蛋、细砂糖放入盆中，将盆坐浴在约 40℃的水中。边加热边用打蛋器搅拌。

2. 用打蛋器先中速后快速打发蛋液，待提起打蛋器时滴落下的蛋糊不会马上消失。

3. 取 1/3 的蛋糕放入盛有玉米油、牛奶的碗中，拌匀。

4. 将拌匀的牛奶蛋糊倒入原来的蛋糕中。

5. 倒入过筛的低筋面粉，翻拌至没有干粉粒即可（不要过度搅拌，以免消泡）。

6. 烤盘中铺油纸，倒入面糊，预热烤箱至 180℃，中层，上下火，烤 15 分钟左右。

7 将慕斯馅材料中的草莓用料理机搅拌成草莓泥备用。

8 吉利丁粉用冷水泡软。

9 用隔水加热法把吉利丁粉化至液体状。

10 把吉利丁液倒入草莓泥中,一边倒入一边搅拌。

11 淡奶油加细砂糖打发到六成(勉强流动状态)。

12 倒入草莓泥。

13 搅拌均匀即为慕斯馅。

14 将蛋糕体整成略小模具一圈。

15 蛋糕体放入模具中。

16 倒入慕斯馅,抹平,放入冰箱冷藏4小时以上。

17 将表面装饰里的淡奶油、糖粉放入盆中,打至淡奶油已经有明显的纹路,提起打蛋器不会低落下来即可,此时淡奶油体积已逐渐膨大、硬挺。

18 将打好的淡奶油装入裱花袋中。

19 取出冷藏过的慕斯蛋糕,用电吹风或热毛巾在模具周围捂一下便可脱模。用淡奶油裱上花,用草莓装饰到蛋糕上即可。

烘焙小语

1. 做慕斯馅用的淡奶油不需要打得特别硬挺,否则不容易跟其他材料混合均匀。
2. 最后也可以随意用其他材料装饰,切时用热刀。
3. 也可用吉利丁片,一片吉利丁片大约5克。化吉利丁粉的水温不可超过70℃,否则影响凝固。

第五章 慕斯、布丁

榴莲慕斯

榴莲,那些经典的臭美味之一,极具个性。甜点中有许多是以榴莲作为原料的,比如榴莲蛋糕、榴莲酥等。

（6寸活底圆模1个）

材料：

榴莲肉200克，吉利丁粉15克，动物淡奶油200克，牛奶80克，细砂糖15克，朗姆酒10克，柠檬汁5克，蛋糕体1个（做法参见第196页）。

做法：

1 吉利丁粉加水泡软。

2 榴莲肉打成泥备用。

3 淡奶油加细砂糖打发至有明显的花纹即可。打发好的淡奶油取出一部分裱花，也可不裱花。

4 吉利丁粉隔水加热至化成液体。

5 吉利丁液倒入榴莲泥中。

6 打发好的淡奶油倒入榴莲泥中。

厨房小语

1. 蛋糕片也可放两片，先将一半的慕斯糊倒入模子中，再铺一片蛋糕片，再将另一半慕斯糊倒上即可。

2. 也可用吉利丁片，一片吉利丁片大约5克。化吉利丁粉的水温不可超过70℃，否则影响凝固。

7 加入牛奶、朗姆酒、柠檬汁，搅拌均匀，即成慕斯糊。

8 将蛋糕体按照模具的形状切出蛋糕底片。

9 模具中放入一片蛋糕片。

10 倒上慕斯糊，抹平，放入冰箱冷冻2小时或冷藏4小时。取出慕斯蛋糕，用电吹风或热毛巾在模具周围捂一下便可脱模，裱上花即可。

芒果慕斯

芒果慕斯蛋糕，丰盈的蛋糕口感，让那温柔甜蜜肆意地掳获你的芳心，万般甜美缠绵都在顷刻深深沉醉。

（6寸活底圆模1个）

慕斯材料：

芒果泥100克，芒果粒150克，吉利丁2片（10克），动物淡奶油200克，牛奶80克，细砂糖15克，朗姆酒10克，柠檬汁5克，蛋糕体1个（做法参见第196页）。

表面装饰：

芒果泥150克，吉利丁1片，小芒果1个。

做法：

1 将慕斯材料中的吉利丁片加水泡软。

2 淡奶油加细砂糖打发至有明显的花纹即可。

3 牛奶加热至微温，放入泡软的吉利丁片。

4 牛奶倒入打发好的淡奶油中。

5 将芒果泥放入淡奶油中，加入朗姆酒、柠檬汁搅拌均匀。

6 再放入芒果粒，拌匀即为慕斯糊。

7 将蛋糕体按照模具的形状切出蛋糕底片。

8 放入一片蛋糕片。

9 倒上一半慕斯糊，抹平，放入冰箱冷冻20分钟至凝固。

10 再放入另一片蛋糕片。

11 倒入另一半慕斯糊，放入冰箱冷冻2小时。

12 将表面装饰中的吉利丁加水泡软，隔水加热至化成吉利丁液，将其倒入150克的芒果泥中。

厨房小语

制作慕斯糊时分别加入了芒果泥和芒果粒，这样出来的成品无论是口感还是外观，都更有层次。

13 搅拌均匀。

14 取出冷冻好的慕斯蛋糕，用小芒果作装饰。

15 倒上调好的芒果泥。

16 冷藏2小时，取出，用电吹风或热毛巾在模具周围捂一下便可脱模。

酸奶冻芝士

酸奶冻芝士是一种滑滑软软的甜品，既有热烤的，也有冷藏的。这款是冷藏式的，其特点是配方中没有鸡蛋，只用酸奶和奶酪相融，可加水果等一起享用。

（4寸活底圆模2个）

材料：

奶油奶酪200克，酸奶180克，白兰地1匙，吉利丁粉10克，细砂糖75克，动物淡奶油120克，柠檬汁15克，消化饼干100克，黄油50克。

做法：

1 饼干放入保鲜袋中压碎。

2 将饼干碎放入碗中，加入化成液体的黄油拌匀。

3 装入模具底部，压实，入冰箱冷藏至硬。

4 吉利丁粉放入冷开水中泡软。

5 奶油奶酪软化后，加入细砂糖，搅打成细腻的糊，加入柠檬汁拌匀。

6 倒入酸奶，搅打均匀。

7 加入白兰地，拌匀成奶酪糊。

8 泡软的吉利丁隔热水加热，待成吉利丁液后倒入奶酪糊中。

9 淡奶油打发至不可流动。

10 再将奶酪糊倒入淡奶油中搅拌均匀。

11 将搅好的糊倒入模具中，冷藏4小时，凝固即可。

厨房小语

这款酸奶冻芝士可以衍生出很多品种，可可、芒果、香芋等，随个人喜好任意添加，即得不同口味。

芙纽多

芙纽多与法式烤布蕾很相似，只是法式烤布蕾表面是焦化的砂糖，而芙纽多是焦化的黄油。

做法：

1. 蔓越莓干稍切几下，提前用朗姆酒浸泡一晚上，捞出后用筛子沥干备用。

2. 鸡蛋中加入细砂糖，用打蛋器搅打至起泡的状态。

3. 筛入低筋面粉和盐，继续搅拌均匀。

4. 牛奶和淡奶油混合后慢慢倒入面糊中，搅拌均匀。

5. 模具内均匀地抹上黄油（稍微多抹一点），把蔓越莓干均匀地铺在模具的底部。

（22厘米×11厘米×6厘米长方形模具1个）

材料：

动物淡奶油200克，牛奶240克，蔓越莓干50克，朗姆酒50克，鸡蛋2个，细砂糖40克，低筋面粉50克，盐1克，无盐黄油20克。

烘焙：

烤箱中层，180℃，上下火，烤50~60分钟。

6. 倒入搅拌好的面糊。

7. 剩下的黄油小火加热至棕黄色，过滤后均匀地浇在面糊表面。烤箱预热至180℃，放入中层，上下火，烤50~60分钟（每家烤箱温度不一样，最后10分钟的时候，注意表面颜色的变化，以免烤焦）。

烘焙小语

1. 出炉后的芙纽多会慢慢回缩，这是正常的。
2. 烘烤的容器用固底的模具都可以，瓷的烤盅或铝的模具都行。

奶茶布丁

用红茶做的布丁吃起来带着淡淡的茶香,正好可以中和鸡蛋和牛奶的甜腻,有一种回味悠长的浓郁茶味。

（直径 8 厘米的陶瓷烤碗 4 个）

材料：

牛奶 420 克，正山小种红茶 15 克，细砂糖 50 克，全蛋液 100 克。

烘焙：

烤箱中下层，150℃，上下火，约 30 分钟。

做法：

1 牛奶倒入奶锅中，中火煮沸后加入红茶，再次沸腾后转小火，盖上锅盖煮 5 分钟。

2 关火，闷 10 分钟。

3 将茶叶滤掉不要。

4 取 310 克奶茶（如不足 310 克，请额外添加牛奶补够不足分量），加入一半细砂糖，轻轻搅拌至糖完全溶解。

5 全蛋液中加入另一半细砂糖，用蛋抽轻轻搅拌均匀。

6 用温度计测量奶茶温度，待降至 36℃时，把奶茶缓缓倒入全蛋液中，轻轻搅拌至完全混合均匀，即为布丁液。

烘焙小语

为了让布丁细腻，所有搅拌动作都要轻柔，不要让液体产生很多泡沫。

7 把调好的布丁液过筛。

8 平均倒入布丁烤碗中，并用竹签戳破表面气泡。

9 把烤碗包上锡纸，放入深烤盘中，在烤盘中注入 1~1.5 厘米高的热水（水温为 50℃左右）。预热烤箱至 150℃，中下层，上下火，烘烤 30 分钟左右。烘烤结束后取出烤碗，放置到不烫手时，送入冰箱冷藏 90 分钟以上即可。

第五章　慕斯、布丁

奶香玉米布丁

奶香玉米布丁是热烤式的，柔滑的牛奶和蛋液，新鲜清香的玉米粒，热烤后浓香四溢，透着淡淡的玉米香甜的清新气息，构成了布丁令人着迷的味道。

（中号烤碗2个）

材料：

牛奶200克，鸡蛋1个，蛋黄1个，罐装玉米粒30克，细砂糖15克，香草精2滴。

烘焙：

水浴法，烤箱中层，160℃，上下火，约30分钟。

做法：

1 将牛奶和细砂糖入锅，用小火慢慢煮，煮到60~80℃即可。

2 将鸡蛋和蛋黄一起放入容器中，搅拌均匀（不要打出泡，只要搅匀就行）。

3 将热好的牛奶慢慢注入蛋液里。

4 滴入香草精。

5 用细的漏网把搅拌均匀的蛋液过滤2遍，做成布丁液。

6 在过滤后的布丁液中加入玉米粒，并顺着一个方向搅拌均匀。

7 把搅拌均匀后的布丁液倒入烤碗里。

8 把烤碗放入烤盘中，在烤盘里注入1厘米高的热水。预热烤箱至160℃，中层，上下火，烤30分钟左右。

烘焙小语

如果布丁表层还没变硬，可适当延长烤制时间。

第五章 慕斯、布丁

雪花奶冻布丁

雪花奶冻布丁裹上细细的椰蓉，看起来洁白无瑕，冰过之后的清凉口感，最适合下午茶时光，或是为正餐划上一个完美的句号。

材料：

动物淡奶油 100 克，吉利丁粉 10 克，牛奶 150 克，炼奶 40 克，细砂糖 10 克，椰蓉 30 克。

厨房小语

一定要将奶液冻至完全凝固。为了缩短制作时间，也可放入冷冻室冷冻 2 小时。

做法：

1 将吉利丁粉用冷水泡软。

2 牛奶加入细砂糖，小火加热至微开。

3 倒入炼奶和淡奶油，拌匀后稍稍冷却。

4 吉利丁粉隔水化开，倒入奶液中。

5 选一个合适的容器，倒入冷却后的奶液，放入冰箱冷藏 4 小时以上至完全凝固。

6 将凝固成形后的奶冻取出，切成小块，均匀裹上椰蓉即可。

第六章
零食小点
10款

意式马卡龙

每个爱烘焙的孩子,都有一个马卡龙之梦。
马卡龙和别的甜品不同,是难度较高的西点,影响因素多,非常之敏感,又非常之傲娇,失败率很高。总之,太矫情,是让人又爱又恨的小妖精,无论各路高手,都很难无失败地一路成功。
也许正因如此,马卡龙也成为爱烘焙、愿折腾、享受自虐的人士的挚爱。在这本书中,把这款甜品放到后面来做,就是考虑到有一定的烘焙基础之后,不妨磕一下马卡龙。心理素质要高,要有失败的充分准备,而玻璃心的孩子就不要尝试了。

材料:

A: 杏仁粉 90 克，糖粉 90 克，蛋白 33 克。
B: 蛋白 33 克，蛋白粉 0.7 克（用于稳定蛋白），细砂糖 15 克，色粉少许。
C: 水 23 克，细砂糖 75 克。

烘焙:

烤箱中下层，预热 140℃，预热时间 30~40 分钟，上下火，烤 16 分钟左右。

做法:

1 在制作马卡龙前，蛋白分干净，然后将蛋白放在无油无水的容器内，盖上保鲜膜，膜上扎一些孔，放在冰箱冷藏 1~2 天再使用。这样可尽量减少蛋白湿气。

2 将 A 料中的杏仁粉、糖粉一同过筛（如果杏仁粉有大颗粒，放入料理机打 10 秒钟左右），再次过筛后备用。

3 过筛后的粉类加入到 A 料的蛋白中。

4 搅拌到全部湿润，即为杏仁蛋白糊。

5 B 料除色粉外，全部混合均匀，用电动打蛋器打至湿性发泡状态（提起后呈弯钩状）。

6 加入色粉。

7 搅拌均匀成蛋白糊。

8 将 C 料放入小锅中，小火加热至糖化后停止搅拌和晃动，转中小火煮至 120℃，立即离火。

第六章　零食小点

9 立即倒入打好的蛋白糊中,一边缓缓倒入,一边用打蛋器高速搅拌,打至干性发泡(注意糖水不要倒在打蛋器上)。

10 把拌好的蛋白糊取一半倒入杏仁蛋白糊中,稍微用力按压抹开,使其均匀融合。

11 再加入另一半蛋白糊,翻拌均匀。

12 拌成如图呈飘带状的马卡龙面糊(注意:搅拌不够可能会使面糊太厚,不能呈飘带状;搅拌太久又可能会消泡过多、太稀,使成品不够饱满。这个度要把握好)。

13 将马卡龙面糊装入裱花袋中。

14 高温油布下面垫图纸,挤出3厘米直径的圆形,稍微震一震,用牙签挑破气泡。先将烤盘放在干燥的地方,晾到表面形成一层软壳,摸上去不粘手。烤箱预热至140℃,预热30~40分钟,上下火,放入中下层,烤16分钟左右(长时间预热烤箱是为了温度稳定,按照自家的烤箱调整)。

烘焙小语

1. 熬糖水时,必须用中小火,温度可在116~120℃。如果天气干燥就控制在116℃,如果天气非常潮湿就控制在120℃。一般新手操作不建议120℃,因为糖水温度越高,搅拌后结皮速度就越快,有人在搅拌过程中发现越搅拌越干,这是糖水温度太高造成的,同时也容易搅拌过度。

2. 糖水要呈细流状倒入,或者分成十几次倒入,这样糖水才能充分与蛋白糊混合,把蛋白烫熟。在蛋白降温到40℃以下前要抓紧时间高速打发,降到40℃以下就千万不要再打了。

3. 马卡龙面糊在挤好后,晾干是马卡龙出现裙边的重要一步,不晾干立刻烘烤,马卡龙可能不会出现裙边。一般晾到表面形成一层软壳就可以了。晾得不够,烘烤时表面容易开裂;晾得太久表面结皮太厚,烤的时候可能会有一边出现裙边一边不出现的不对称现象。

4. 烘烤时,烤盘要位于烤箱中下层,为了防止底部受热太快,可以在烤网上放一块硅胶垫来隔绝底火,或者在最下层放另一个烤盘进行隔离。烘烤过程中,马卡龙的裙边会在2~3分钟出现,如果搅拌均匀的话,裙边是平的。如果发现同一盘马卡龙中有部分裙边是平的,部分裙边是歪的,说明搅拌不到位,面糊密度不均匀,需要调整搅拌手法。

5. 最后一步建议使用纯平烤盘搭配高温油布,比硅胶垫效果更好,硅胶垫可能会产生裙边在出炉后缩小或歪裙边的情况。

特别奉献 马卡龙馅：蛋黄奶油馅

材料：

蛋黄1个，无盐黄油93克，细砂糖58克，水15克。

做法：

厨房小语

做好的蛋黄奶油馅最好立即使用，没用完的置于冰箱冷冻室保存。要用保鲜膜包起来再装入密封袋中，可保存2星期。使用时放到冷藏室解冻，然后室温回温，再搅拌至顺滑的状态。

1 蛋黄放入盆中，用打蛋器中速搅拌，打到蛋黄颜色变浅。

2 细砂糖和水放入小锅中，加热至115℃。

3 将糖水缓慢倒入蛋黄糊中，用打蛋器打到蛋黄变白、浓稠。

4 加入软化的黄油，中速搅打。

5 搅打到颜色发白、细腻，能留下明显搅拌痕迹时就完成了。

6 装入裱花袋中，挤在马卡龙中即可。

第六章 零食小点

柠檬玛德琳

一个柠檬就能给这小蛋糕带来一种清新的口感，散发着淡淡柠檬香的柠檬玛德琳，也是一款美妙的下午茶点心。

材料：

低筋面粉50克，无盐黄油45克，鸡蛋1个，糖粉50克，泡打粉1.5克，柠檬屑1个。

烘焙：

烤箱中层，190℃，上下火，约12分钟。

烘焙小语

烤制时间依据模具大小和自家烤箱调整。

做法：

1 鸡蛋加入糖粉打匀，打到糖化、蛋液微微浓稠。

2 柠檬屑加入蛋液中。

3 泡打粉与低筋面粉混合过筛，加入到刚刚搅匀的蛋液中，用蛋抽搅拌均匀至无干粉。

4 黄油隔水加热至化，加入面糊中搅拌均匀。盖保鲜膜，放冰箱冷藏半小时。

5 取出面糊，用蛋抽搅打至顺滑。装入裱花袋，挤入模具呈八成满。烤箱预热至190℃，放入中层，上下火，烤12分钟左右即可。

费南雪

费南雪（Fiancier）传说是巴黎一家蛋糕店主厨，因靠近巴黎证券交易所，为了方便忙于看盘而没有时间用餐的经理人，设计了这款以手拿取的费南雪。因为它的金砖形外表，费南雪有时也被叫作"金砖"。

材料：

无盐黄油65克，蛋白69克，杏仁粉28克，低筋面粉28克，细砂糖50克。

烘焙：

烤箱中层，200℃，上下火，约15分钟。

做法：

烘焙小语

如果嫌过滤黄油麻烦，可以将黄油多放置一会儿，让黄油里的杂质慢慢沉淀下去再用。

1 黄油小火加热至化、表面开始出现茶色沸腾泡时关火，放凉。

2 蛋白和细砂糖混合，用手动打蛋器搅打至出现粗泡状态。

3 将杏仁粉、低筋面粉混合筛入搅打好的蛋白中，翻拌均匀制成面糊。用60目以上的粉筛过滤最好，基本上没有杂质。

4 将放凉的黄油过滤之后加入面糊中。

5 再次拌匀。

6 将面糊挤入金砖模具中，约八成满即可。预热烤箱至200℃，放入中层，上下火，烤约15分钟，烤至表面颜色成茶色、边缘有焦色即可。

第六章 零食小点

咖啡冰皮月饼

咖啡冰皮月饼,浓郁醇厚的咖啡邂逅清甜的冰皮,并深情相拥,细腻绵密的口感让冰皮月饼凭添了几分浪漫与温情。

冰皮材料：

糯米粉50克，大米粉50克，澄粉30克，细砂糖60克，无盐黄油25克，摩卡咖啡粉15克，热水145克，熟糯米粉30克。

月饼馅材料：

A：白芸豆泥114克，糖粉50克，摩卡咖啡粉10克，热水4克。
B：白芸豆泥136克。

做法：

1 在碗里倒入冰皮材料中的细砂糖、黄油搅拌均匀。

2 15克摩卡咖啡粉加145克热水搅拌均匀。

3 咖啡液倒入拌匀的黄油糊中。

4 糯米粉、大米粉、澄粉放入蒸碗中。

5 将调好的咖啡黄油液倒入粉中，充分搅拌均匀，成为稀面糊。

6 将搅拌好的稀面糊静置30分钟。

7 然后入蒸锅，大火蒸15~20分钟即可。

8 蒸熟的面糊用筷子使劲搅拌至顺滑，待其冷却即为冰皮。

第六章 零食小点

9 A料中的白芸豆泥加糖粉拌匀。

10 A料中的摩卡咖啡粉加热水调匀,倒入白芸豆泥中拌匀,制成咖啡芸豆泥。

11 B料分成8份,咖啡芸豆泥分成8份。

12 取一份白芸豆泥按扁,包入咖啡芸豆泥。

13 摩卡咖啡月饼馅就做好了。

厨房小语

1. 没有摩卡咖啡粉,用速溶咖啡也可。
2. 将糯米粉放入锅中,小火炒制微微上色即为熟糯米粉。

14 摩卡咖啡月饼馅分成8份,冰皮分成8份。

15 手上拍点熟糯米粉(另备)防粘,然后将冰皮放在手心压扁,放上馅。

16 慢慢往上推,直到全部包裹住,收口。

17 在月饼模里撒点熟糯米粉,让熟糯米粉均匀粘在模具壁上,放入包好的月饼坯。

18 压出自己喜欢的花纹,脱模。

焦糖蓝莓华夫饼

华夫饼,又叫窝夫、格子饼、格仔饼、压花蛋饼,是一种烤饼,源于比利时,也是西方的大众早餐之一。华夫饼有多种吃法,,可以与冰激凌、奶油、糖浆、水果、鸡肉制品、奶酪等搭配食用。

材料:

鸡蛋2个,细砂糖30克,牛奶75克,低筋面粉140克,玉米淀粉20克,泡打粉5克,色拉油50克。

烘焙:

烤箱中下层,上火180℃,下火200℃,约20分钟。

做法:

1 鸡蛋打入碗中,加入细砂糖,搅打均匀。

2 加入牛奶,搅拌均匀。

3 低筋面粉与玉米淀粉、泡打粉混合筛入蛋液中。

4 用打蛋器搅拌至顺滑,倒入色拉油,慢慢混合,搅拌均匀至无颗粒、成流动状态。

5 将蛋糊倒入华夫饼模具中。烤箱预热,上火180℃,下火200℃,中下层,烤20分钟左右。

烘焙小语

烤制时间视自家烤箱情况而定。烤好的华夫饼上淋上奶油焦糖酱,也可抹上巧克力酱,或者鲜奶油,也可用蓝莓装饰。

蛋糕甜甜圈

蛋糕甜甜圈是近年流行的一款小甜点,与面包甜甜圈比起来,前者省去了揉面、发酵的过程,巧克力的装饰让甜甜圈变得更可爱。

蛋糕材料：

鸡蛋2个，细砂糖65克，低筋面粉100克，玉米油60克，泡打粉3克，香草精3滴，盐1克。

表面装饰：

白巧克力80克，黑巧克力80克。

烘焙：

烤箱中层，170℃，上下火，约20分钟。

烘焙小语

1. 普通模具需涂上一层薄薄的黄油。
2. 挤入模具的蛋糕糊七成满即可，否则中间小孔会消失。

做法：

1 鸡蛋加入细砂糖，搅拌均匀（无须打发）。

2 加入香草精搅拌。

3 筛入低筋面粉、泡打粉、盐，搅拌至无颗粒。

4 加入玉米油搅拌至柔滑，即为蛋糕糊。

5 将蛋糕糊装入裱花袋，挤入模具中。

6 七成满左右就可以了。预热烤箱至170℃，放入中层，上下火，烤20分钟左右。

7 出炉，即可脱模。

8 白巧克力、黑巧克力分别隔热水化开，放入甜甜圈，沾上巧克力液。

9 表面再用巧克力液装饰一下即可。

芝士麻糬波波

芝士麻糬波波是一款奶酪味很浓的小点心。糯米皮外酥里软、清香浓郁且有嚼劲,在蓝莓清甜滋味的衬托下,甜而不腻。

材料：

无盐黄油35克，牛奶60毫升，木薯粉15克，糯米粉110克，细砂糖30克，盐2克，泡打粉2克，切达奶酪25克，鸡蛋1个，鲜蓝莓60克。

烘焙：

烤箱中层，预热烤箱170℃，转160℃，上下火，约20分钟。

做法：

1. 黄油和牛奶以慢火煮沸，关火。

2. 马上倒入木薯粉中，快速搅拌至无大粉粒状，备用。

3. 放入细砂糖搅拌均匀。

4. 将糯米粉、盐、泡打粉放入已放凉至微温的木薯粉盆中。

5. 鸡蛋打散倒入盆中，加入切达奶酪，搓成光滑的面团。

6. 放入蓝莓，拌匀。

7. 将面团搓成长条。

8. 平均分成15份，搓成圆球，蓝莓最好不要外露。排放在已铺烘焙纸的烤盘里。预热烤箱至170℃，转160℃，中层，上下火，烤20分钟左右。当表面金黄关炉，马上取出，趁热享用。

烘焙小语

1. 没有木薯粉，可用土豆淀粉代替。
2. 蓝莓最好不要露出面团，会烤焦的。

蜜汁猪肉脯

小时候最爱吃的猪肉脯,味道甜美又厚重,口感韧性十足。自己在家做的猪肉脯没有任何添加剂,可以放心给孩子吃。

（34厘米×29厘米的烤盘2个）

材料：

猪腿肉500克，高度白酒5克，盐2克，生抽20克，鱼露5克，黑胡椒粉1克，细砂糖30克，红曲粉5克，玉米淀粉7克。

表面刷液：

蜂蜜40克，温水15克。

烘焙

烤箱中层，180℃，上下火，约25分钟。

做法：

1. 把猪腿肉剁成肉馅，用刀细细多剁一会儿，直到剁成黏稠的肉糜状（也可直接用料理机打成肉糜）。

2. 把剁好的猪肉馅、细砂糖、生抽、黑胡椒粉、白酒、鱼露、盐、红曲粉、玉米淀粉全部倒入大碗里，用筷子顺同一个方向搅拌，直到搅拌到肉馅起黏性。

3. 将和烤盘大小一致的烤盘油布（厚油纸、锡纸等）铺在台面上，取一半搅拌好的肉馅放在油布上，盖一层保鲜膜（如果使用锡纸，请在锡纸上刷一层植物油防粘，否则锡纸会粘在肉脯上取不下来）。

4. 隔着保鲜膜把肉馅擀开成为和烤盘纸大小差不多的薄薄的片状，尽量擀均匀。

5. 揭掉保鲜膜，放入烤盘。

6. 蜂蜜加温水调成蜜汁。

烘焙小语

1. 鱼露又称鱼酱油、虾油，是闽菜、潮州菜和东南亚料理中常用的调味料之一，可以提鲜。
2. 红曲粉是一种天然红色素，是用糯米蒸制后接种红曲菌种发酵繁殖的，产品是发酵后的暗红色糯米，经粉碎后成为红曲粉。它不但可以染色，也是一种保健食品。
3. 不同尺寸的烤盘，擀出来的肉片厚度不同，所以要根据实际情况调整烘烤的时间和温度。

7. 烤箱预热至180℃，放入中层，上下火，烤10分钟。取出，在肉脯表面刷一层蜂蜜水，继续放入烤箱烤8~10分钟。

8. 再次取出，将肉脯翻面，在另一面也刷一层蜂蜜水。放入烤箱，烤5分钟左右。取出，冷却后用剪刀减去边角，剪成长方形即可。

山楂糕

山楂糕色泽红润、爽滑细腻、酸甜可口，吃一块下去，开胃又开心。

材料：

山楂 650 克，清水 500 毫升，绵白糖 300 克。

厨房小语

1. 山楂在煮的时候不要用铁锅，煮开后用木铲不停搅动。
2. 做好的山楂糕冷藏保存，因无添加剂，要尽快食用。

做法：

1 山楂洗干净后去掉果核。

2 山楂肉加上 500 毫升清水放入料理机中，打成泥（如果料理机功率不大，打得不够细腻，可用滤网过滤一下，去掉果皮，口感更爽滑）。

3 山楂泥倒入锅中，放入绵白糖，慢煮。

4 要不停搅拌，至木勺挂薄糊、山楂泥不会流动合拢。

5 山楂泥继续加热，煮至非常黏稠，关火。

6 煮好的山楂泥倒进保鲜盒里，完全冷却，倒出即成山楂糕。

巧克力太妃糖

甜中带苦又有着浓浓巧克力味的巧克力太妃糖,制作非常简单,用巧克力硅胶模做这款糖更方便,没有硅胶模,直接用刀切也可。

材料:

动物淡奶油200克,细砂糖100克,可可粉5克,黑巧克力40克,水饴(麦芽糖)30克,香草精2滴。

做法:

1 所有材料倒入锅内,尽量把可可粉拌匀。

2 中小火加热至巧克力逐渐化开,这时会发现有些不均匀的颗粒状,没关系,继续熬。

厨房小语

1. 水饴是麦芽糖的一种,做太妃糖用水饴或者别的麦芽糖都可,区别在于最后成品的颜色,口感不会差太多。而做牛轧糖这种白色的糖,则最好用水饴。
2. 糖焦化的程度会对糖的软硬度起很大作用,所以需用小火慢熬,以使糖充分焦化。

3 熬至沸腾,就比较均匀了,转最小火。

4 边搅拌边小火熬煮,20~30分钟后糖浆会越来越浓稠,用刮刀划下,不能流动即可。

5 将糖浆趁热用勺子盛进模具中。

6 彻底冷却后即可脱模。

第六章 零食小点

第七章
冰品
10款

百香果冰激凌

百香果可以散发出十几种水果的香味,故得名"百香果"。百香果冰激凌操作非常简单,酸奶加上糖和淡奶油,香气四溢,酸甜可口,有一份特别的味道。

材料:

百香果2个,酸奶200克,动物淡奶油100克,细砂糖50克。

做法:

1 将淡奶油先打发至六七成。

2 加酸奶搅拌均匀。

3 将百香果对半切开,挖出果肉,将细砂糖加入到百香果肉中,搅拌至化(调好的百香果加入到淡奶油中)。

4 搅拌均匀制成冰激凌糊。

5 将搅拌好的冰激凌糊放入保鲜盒中,入冰箱冷冻,每隔1小时取出搅拌一次,如此反复3~4次即可。

厨房小语

1. 如果有冰激凌机,可以放到冰激凌机内,启动机器搅拌约25分钟。
2. 在冰激凌表面可以再加少许百香果汁,放冰箱冷冻保存,吃时挖球装在容器中即可。
3. 糖的量可视百香果的酸甜程度酌情增减。

抹茶冰激凌

抹茶冰激凌绝对可以算得上是夏日冰品界的头号小清新。于浮华之中,托起片片清凉,淡然出尘,别有洞天。

材料：

蛋黄4个，细砂糖40克，抹茶粉8克，牛奶200克，蜂蜜20克，动物淡奶油150克，白兰地5克。

做法：

1. 蛋黄中加入细砂糖、抹茶粉搅拌均匀。

2. 小锅内倒入牛奶，加热至即将沸腾时离火，将温热的牛奶少量多次地倒入蛋黄中，同时迅速搅拌均匀（一次全部加入的话，蛋黄会凝固形成颗粒）。

3. 将牛奶蛋黄糊搅拌均匀后倒回小锅，小火熬煮，边煮边不停搅拌至浓稠。

4. 加入白兰地。

5. 牛奶蛋黄糊温度降至常温时，加入蜂蜜搅拌均匀。

6. 淡奶油打发至六成。

7. 把凉后的牛奶蛋黄糊倒入淡奶油中。

8. 搅拌均匀。

9. 拿出冷冻17小时以上的冰激凌桶，把冰激凌糊倒入里面，放入冰激凌机中搅拌，大约25分钟，冰激凌糊就凝固了。

厨房小语

如果没有冰激凌机，冰激凌糊要每隔1小时从冰箱里取出，用电动搅拌器搅拌，搅拌前可用木铲将盆壁冻硬的冰激凌刮下再行操作。没有搅拌或搅拌不完全的冰激凌，口感会像冰块，有冰渣的感觉且很硬。

酒香奶酪蓝莓冰激凌

冰激凌配葡萄酒是一件很有挑战性的事情,然而,冰激凌和葡萄酒之间的配对是很绝妙的:口感醇厚、爽口清新、甜而不腻,香气沁人心脾。

材料：

奶油奶酪 130 克，酸奶 150 克，牛奶 50 克，细砂糖 30 克，蓝莓 150 克，冰葡萄酒 40 克。

做法：

1 蓝莓放入料理机中，加入牛奶，打碎。

2 奶油奶酪切成小块，室温软化，倒入细砂糖，隔热水用打蛋器打发。

3 打至顺滑。

4 倒入酸奶，搅拌至顺滑。

5 倒入冰葡萄酒拌匀。

6 倒入搅拌好的蓝莓牛奶。

7 搅拌匀。

8 倒入保鲜盒中，放入冰箱冷冻。每隔半小时从冰箱里取出，用电动打蛋器搅拌，搅拌前可用木铲将盆壁冻硬的冰激凌刮下再行操作。

厨房小语

1. 冰葡萄酒甜度很高，细砂糖可酌量加。
2. 如果有冰激凌机，可在冰激凌机中搅拌大约 25 分钟，这时是软的冰激凌，就可以吃了。如果想吃硬的，挖球吃，再放冰箱冷冻就可以了。

第七章 冰品

番茄冰激凌

什么水果冰激凌,什么奶油冰激凌,都弱爆了,快来挑战冰激凌味蕾的新口味——番茄冰激凌。

材料：

番茄200克，牛奶200克，动物淡奶油100克，蛋黄1个，细砂糖50克。

做法：

1 将番茄洗净，放入沸水烫过，去皮。

2 将番茄切成碎块，放入料理机中打成酱汁。

3 煮沸。

4 凉凉备用。

5 将牛奶和细砂糖放入锅中，加热至大约80℃（即锅边牛奶微微沸腾），立即离火。

6 然后慢慢地倒入搅拌好的蛋黄液（一边搅拌，一边很慢很慢地倒进去，不要把蛋液烫成蛋花）。

7 搅拌均匀后，再将混合好的蛋奶再次倒入锅中，用小火慢慢加热，边煮边搅拌，煮到很浓稠，煮好后隔冷水降温，凉到室温。

8 倒入番茄汁中搅拌均匀。

9 淡奶油倒入容器中，用电动打蛋器打发至六七成，即表面可以拉出一个小尖。

10 然后倒入冷却好的番茄蛋奶糊，并用打蛋器搅打均匀。

11 将冰激凌糊倒入盒中，放入冰箱冷冻，然后大约每隔1小时取出搅拌一次，至完全凝固。

厨房小语

1. 如果有冰激凌机，可在冰激凌机中搅拌25分钟左右，这时是软的冰激凌，就可以吃了。如果想吃硬的，挖球吃，再放冰箱冷冻就可以了。

2. 往牛奶中倒蛋液时一定要慢，否则蛋液会被烫成蛋花。

椰汁蜜豆冰激凌

幼滑的椰汁包裹着香糯的蜜豆,是一种完美的结合,椰汁的淡和蜜豆的甜刚好中和了一下口感,带你进入浪漫的甜美体验。

材料：

椰汁 240 克，动物淡奶油 250 克，蛋黄 3 个，细砂糖 50 克，蜜豆 150 克。

做法：

1. 将蛋黄加细砂糖打至糖化。

2. 椰汁倒入锅中，煮开。

3. 把煮开的椰汁倒入蛋黄液中（注意要很慢很慢地倒进去），搅拌均匀。

4. 再倒回锅中煮，边煮边搅拌，再次煮开，即可熄火。可用冷水隔水降温，凉到室温后使用。

5. 淡奶油用打蛋器打发至六成。

6. 降温后的蛋黄椰汁和打发好的淡奶油混合均匀。

7. 搅拌均匀后放冰箱冷藏 10 分钟。

8. 将提前在冰箱里冷冻过一夜（必须冷冻 8 小时以上）的冰激凌机内筒取出，倒入搅拌好的冰激凌糊，启动电源。

9. 25 分钟之后，冰激凌糊开始变稠膨胀时，倒入蜜豆。

10. 40 分钟后，冰激凌制作完成。这个时候的冰激凌还比较软，如果为了挖球好看，可以将冰激凌倒入密封容器中，放入冰箱再冷冻 30~60 分钟。

厨房小语

往蛋黄液中倒椰汁时，一定要慢慢倒，以免将蛋液烫成蛋花。

第七章　冰品

桑果冰激凌

桑果冰激凌，酸酸甜甜，奶香四溢，淡淡的，一点都不腻。它的惊喜在于梦幻般的紫色，轻嚼慢咽，你的坏心情就不知哪去了。

材料：

动物淡奶油200克，桑果（桑葚）150克，细砂糖50克，凉白开50克。

厨房小语

如果有冰激凌机，可在冰激凌机中搅拌大约25分钟，这时是软的冰激凌，就可以吃了。如果想吃硬的，挖球吃，再放冰箱冷冻就可以了。

做法：

1 桑果去蒂，洗净。

2 放入料理机中，加凉白开和细砂糖。

3 打成桑果泥。

4 淡奶油放入大碗中，用打蛋器打至不流动即可。

5 桑果泥与淡奶油混合均匀。

6 将搅拌好的冰激凌糊放入保鲜盒中，每隔1小时从冰箱里取出，用电动搅拌器搅拌，搅拌前可用木铲将盆壁冻硬的冰激凌刮下再行操作，重复3~4次。

火龙果酸奶冰棍

火龙果颜色漂亮，而且营养价值也很高。它艳丽而天然的色彩和甜味，再加上酸奶的酸甜口感，小朋友不喜欢才怪呢！

材料：

火龙果1个，细砂糖30克，酸奶200克。

做法：

1 将火龙果去皮，切小块。

2 留一部分火龙果，其余的放入料理机中，倒入酸奶。

3 打成果汁。

厨房小语

酸奶可用各种风味酸奶。

4 将酸奶果汁倒入冰棍模具中。

5 再放入火龙果块。

6 放入冰箱冷冻4小时以上即可食用。

哈密瓜樱桃冰棍

新鲜爽口的水果冰棍,是夏日里人们喜爱的一种冰品,它不像冰激凌含有大量的奶油,而是果香甜爽,口感柔和。

材料:

哈密瓜 200 克,樱桃 100 克。

厨房小语

哈密瓜非常甜,这里没有另加糖,如果喜欢甜点的,可酌情添加糖。

做法:

1 樱桃洗净,去核,切小块。

2 哈密瓜去皮去子,切块,放入料理机杯中。

3 然后打成果汁。

4 将果汁倒入冰棍模具中。

5 再放入樱桃块。

6 放入冰箱冷冻4小时以上即可食用。

冰摩卡咖啡

冰摩卡咖啡，咖啡的馥郁，巧克力的香浓，香甜滑润的味道，被牛奶和冰块层层包裹融合，炎炎夏日，没有什么比它更让人爽快了。

材料：

巧克力酱25克，冰牛奶150克，摩卡咖啡40克，冰块约半杯，动物淡奶油100克，细砂糖10克，可可粉适量。

做法：

1. 淡奶油加细砂糖打至不能流动。

2. 将奶油装入裱花袋中。

3. 将巧克力酱放入杯中。

4. 放入冰块。

5. 再倒入摩卡咖啡、冰牛奶，搅拌匀。

6. 将淡奶油挤在咖啡杯中，最后撒上可可粉装饰一下。

厨房小语

材料的用量可做一大杯，可依据盛器的大小调整用量。

樱桃酸奶沙冰

樱桃成熟的季节,满眼都是那诱人的深红色,樱桃酸奶冰沙恰好能突出樱桃鲜嫩多汁的特点,一抹温润爽滑,浓郁果香的沙冰就在你的舌尖融化。

材料:

樱桃300克,原味酸奶240克。

厨房小语

也可把樱桃和酸奶一起放进料理机搅打成沙冰。

做法:

1. 樱桃冲洗干净,用淡盐水浸泡10~20分钟,去核。与酸奶一起放入冰箱冷冻12小时。

2. 将冷冻的酸奶放入料理机中,搅碎,即成酸奶沙冰,放入杯中。

3. 冻过的樱桃放入料理机中,搅碎,即成樱桃沙冰,放入装有酸奶沙冰的杯中。

第八章
常用馅料
*10*款

红豆沙馅

材料：

红豆 600 克，细砂糖 160 克，色拉油少许。

做法：

1. 红豆泡 12 小时。

2. 倒入锅中加水煮开，关火闷 1 小时，再开火煮至红豆软烂。

厨房小语

注意火候大小，以免炒糊。

3. 煮好的红豆放入料理机中，打至细腻。

4. 锅中放入少许色拉油，倒入打好的红豆泥，加入细砂糖。

5. 炒至水分蒸发，以自己希望的稠度为宜（可以适当做稀一些，豆沙馅冷却后会变干）。

蜜汁金橘

材料：

金橘400克，蜂蜜30克，细砂糖50克，水适量。

做法：

1. 盆里倒入清水，撒入少许盐，浸泡金橘10分钟，清洗干净后晾干。

2. 将金橘纵向等距切5~7刀，不要切得过深，否则容易断。

3. 切好的金橘用手指按扁。

4. 全部做好后放入锅中，加细砂糖和适量清水。

5. 烧开，转小火慢煮10分钟，直至糖水浓稠。

6. 关火后淋入蜂蜜，把金橘放入玻璃罐中，入冰箱冷藏一天即可食用。

厨房小语

食用金橘时切勿去皮。金橘80%的维生素C都集中在果皮上，用盐水浸泡一下就可以了。

糖渍橙皮

材料：

橙子2个（约400克），细砂糖70克，水少许。

做法：

1 橙子加盐清洗干净，留皮备用。

2 橙皮加少许水，煮5分钟,再泡5分钟。

3 煮过的橙子皮比较软，能轻松地去掉里面的白膜。

4 将橙皮切成丝。

5 加50克细砂糖和少量的水煮。

厨房小语

细砂糖分两次加入，口感更均衡。

6 煮好后，橙皮就比较有光泽了，成品约100克。

7 再加20克细砂糖搅拌均匀，放入容器中，密封保存即可。

草莓酱

材料：

草莓 700 克，细砂糖 120 克，柠檬 1 个。

做法：

1. 将草莓放在淡盐水里浸泡片刻，清洗干净，沥水，草莓去根蒂。

2. 草莓切片，放入较大的碗中，加入细砂糖，盖上保鲜膜静置 1 小时。

3. 待草莓有水分渗出时，把草莓倒入料理机里稍微搅拌一下。

4. 草莓糊倒入锅中，开小火慢慢熬，挤入柠檬汁，继续熬煮。

5. 在熬的过程中要不停搅拌，以防粘锅，熬至黏稠即可。

厨房小语

1. 草莓含水量大，所以在熬制的时候不用加水。
2. 做果酱为什么要加点酸酸的柠檬汁呢？因为酸更能突出甜的味道，让果酱的口感更好。

第八章　常用馅料

百香果凝酱

材料：

百香果汁 150 克，黄油 70 克，绵白糖 100 克，鸡蛋 3 个，蛋黄 1 个。

厨房小语

1. 百香果用滤网滤出果汁，用勺子压压，可以滤出更多果汁。根据自己喜好决定是否保留子。
2. 第二次加热时注意火候，加热至浓稠马上离火，以免煮成蛋花汤。

做法：

1. 百香果汁、绵白糖、黄油放入奶锅中。

2. 加热至微沸，离火，凉凉。

3. 鸡蛋和蛋黄放入碗中打散。

4. 蛋液缓慢地倒入黄油百香果汁中，不停搅拌。

5. 将奶锅重新放到火上，小火加热，不断搅拌至浓稠，马上离火，装瓶冷却，密封冷藏。

奶油甘纳许馅

这款馅是用甘纳许加入打发的淡奶油做成的馅,基本上所有与巧克力相关的蛋糕卷、蛋糕淋面都可用到它。
先说说甘纳许是何许仙物?
甘纳许是将巧克力和鲜奶油乳化形成的奶油馅,也就是混合了淡奶油的巧克力酱,基础甘纳许配方也是最常用的,巧克力和淡奶油的比例是1:1。

甘纳许材料:

动物淡奶油60克,黑巧克力(可可脂含量65%或以上)60克,香草精几滴。

奶油馅材料:

动物淡奶油120克,糖粉20克,可可粉6克。

做法:

1. 碗中加入甘纳许材料中的淡奶油和切小块的黑巧克力,隔热水至化,加入香草精,不断用小勺搅拌至柔滑有光泽后关火,放凉。

2. 将奶油馅材料中的淡奶油、糖粉倒入小一点的盆内打发,打好后的淡奶油筛入可可粉,搅打均匀。

3. 加入已经放凉的甘纳许,再低速打匀即成奶油甘纳许馅。

厨房小语

不同比例甘纳许馅的用法:

巧克力:淡奶油=1:1,制作蛋糕夹馅、蛋糕淋面、巧克力挞或者杯子蛋糕顶部的裱花装饰。

巧克力:淡奶油=1:2,制作巧克力淋酱,或者打发后作为蛋糕夹馅、杯子蛋糕顶部的裱花装饰。

巧克力:淡奶油=2:1,制作松露巧克力。

奶油焦糖酱

焦糖酱,不只是用在烘焙里,煮咖啡、奶茶的时候,挤在花式咖啡上,涂在面包上,味道非常棒。

材料：

细砂糖 250 克，冷水 50 克，动物淡奶油 250 克。

做法：

1 把淡奶油加热至快要沸腾的状态，停止加热并置热水中保温。

2 锅里放入细砂糖，倒入冷水。

3 用小火加热，至糖渐渐溶解，并开始冒出小泡（加热的过程中不需要搅拌）。

4 渐渐地，泡沫越来越多。

5 加热一段时间后，糖的颜色开始变成黄色。这个时候，可以轻轻摇晃小锅，让糖的颜色变得均匀。保持小火加热，直到糖的颜色越来越深。

6 当变成深琥珀色的时候，立刻关火，倒入煮沸的淡奶油。倒入以后，糖浆会剧烈地沸腾，此时要小心。

7 用木勺将糖浆充分搅拌均匀，继续搅拌，使糖浆能快速冷却下来。

8 刚煮好的糖浆看上去比较稀，冷却以后，就会变成浓稠的焦糖酱了。将焦糖酱装入玻璃瓶里，放在冰箱保存。

厨房小语

1. 糖焦化到合适的程度就那么几秒钟，如果火太大，一不小心就会焦化过度而产生糊味。

2. 糖煮到合适颜色的时候要果断关火，并立刻倒入煮开的水或淡奶油，不能倒入凉水和凉淡奶油，否则会飞溅液体烫伤人，糖浆也会凝固硬化。

3. 如果焦糖酱冷却后还比较稀，可以重新煮沸并用小火煮 1~2 分钟，让水分适当挥发掉一些。如果焦糖酱冷却后太过浓稠，可以对入少量开水，混合均匀，将焦糖酱稀释一下。

卡仕达酱

材料：

蛋黄 3 个，细砂糖 75 克，牛奶 250 克，低筋面粉 25 克。

做法：

> **厨房小语**
>
> 不可省略过滤步骤，否则口感不细腻。

1 蛋黄加细砂糖搅匀。

2 筛入低筋面粉搅匀。

3 将煮至微沸的牛奶慢慢加到面糊中，边加边搅拌。

4 牛奶全部加完后过筛。

5 然后倒回锅中。

6 小火加热牛奶面糊，边加热边搅拌，直到面糊变得浓稠就算完成了。

奶酥馅

材料：

无盐黄油 50 克，糖粉 20 克，全蛋液 20 克，奶粉 60 克，玉米淀粉 10 克，盐 1 克。

做法：

1 将室温软化的黄油搅散，加入糖粉、盐搅匀。

2 加入玉米淀粉和奶粉。

3 分次少量地加入全蛋液。

4 用刮刀拌匀即为奶酥馅。将混合好的奶酥馅用汤匙均分成需要的等份，移入冰箱冷藏至有些变硬。

厨房小语

1. 将奶酥馅移入冰箱冷藏或冷冻时，不要冻得太硬，有些许硬，可以捏成圆形即可。
2. 奶酥馅将混合好时很稀软，如果直接包入面皮内，面皮边沿很容易粘到油，就会爆馅。奶酥馅不要包得太多，使皮太薄，在烘烤受热时也会从顶部爆出来。

第八章 常用馅料

香缇奶油馅

香缇奶油是来自于法文中的发泡鲜奶油 La chantilly,算是音译加意译的综合。特别是加入细砂糖打发,被称之为香醍鲜奶油(crème chantilly),也可以用于蛋糕、泡芙制作,涂抹或是挤花使用。

材料:

动物淡奶油 300 克,细砂糖 15~30 克,朗姆酒适量。

做法:

1 淡奶油冷藏后,放入盆中,加入细砂糖、朗姆酒(若室温高,需将盆垫在冰水上打发),依照用途打发成所需的发泡成品。不同用途的淡奶油,其打发的硬度是不一样的。打发至五六成,适合用于巴巴露亚及慕斯。

厨房小语

在淡奶油中加入细砂糖打发,一般糖的量是淡奶油的 5%~10%。

2 打发至七八成,适合夹心、涂抹及挤花。

3 打发至九成,已经没有顺滑感,具有扎实的硬度。

4 打至尖角直立的状态,是打发淡奶油的最终状态。